季節の花々を用いた「菜豆腐」，菜の花豆腐と藤の花豆腐（宮崎県東臼杵郡椎葉村の尾前豆腐店製造，著者撮影）（188頁）

「豆腐田楽を作る美人」（歌川豊国画，享和頃〈1801-03〉，味の素食の文化センター所蔵）（77頁）

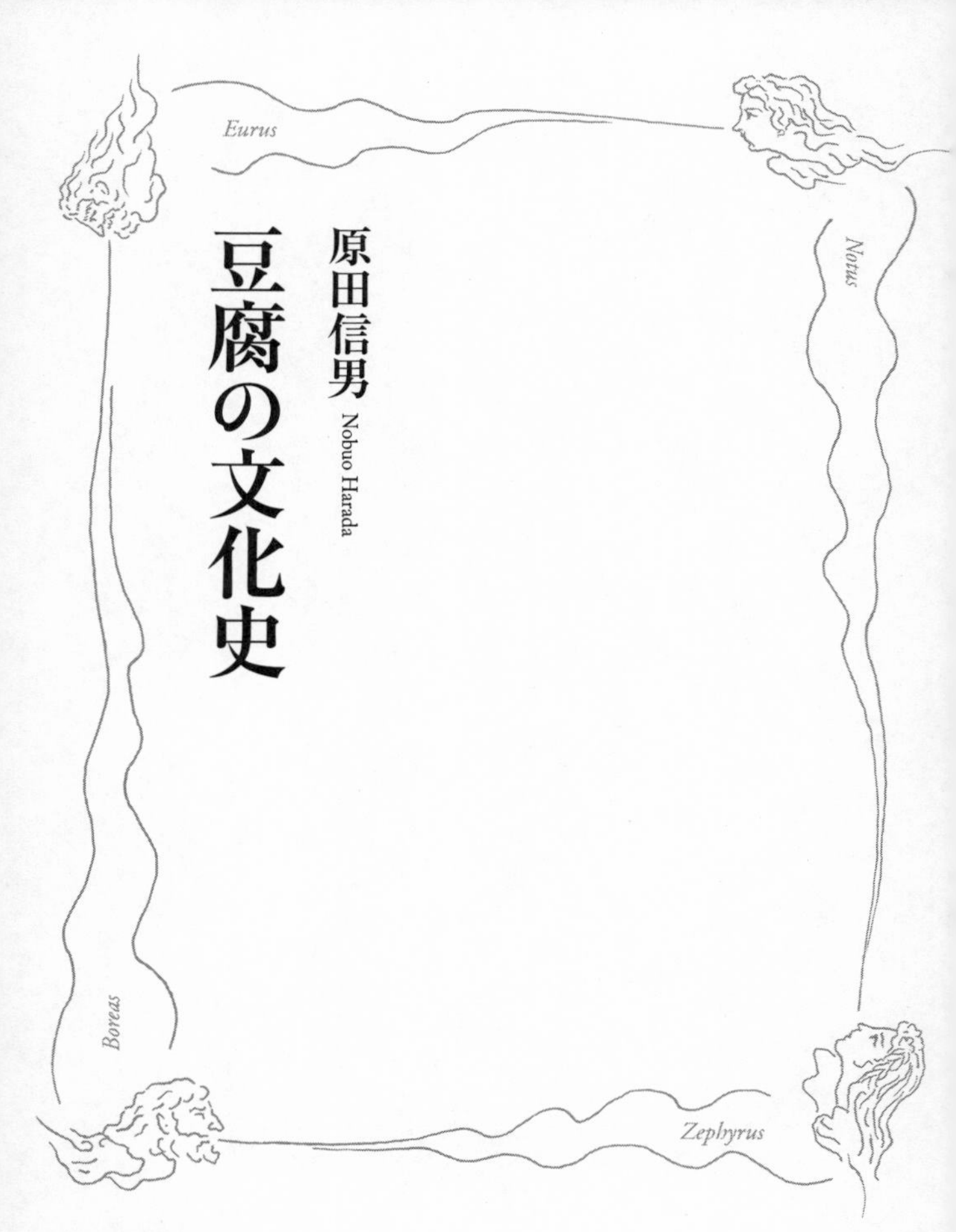

豆腐の文化史

原田信男
Nobuo Harada

岩波新書
1999

はじめに――豆腐という食品

豆腐は不思議な食べ物である。出雲松江藩七代藩主松平治郷（一七五一～一八一八）は、もともと茶の湯を好み、藩政改革にも尽力したが、とくに引退後は不昧と号して、茶と禅に明け暮れて悠々自適の生活を送った。その不昧に、「世の中は　まめで四角で丸らかで　とうふのようにあきられもせず」という「豆腐自画賛」の一幅がある（次頁図版参照）。この歌意は、世の中（人生）というものは、豆（働き者）でかつ四角（実直）で、和かつまり適応力があり、豆腐のようにあきられないのが一番よい、ということだろう。この一首とまったく同じ表現が、三重県東部の山間地帯の人々の間にも伝承されている［筒江：二〇一二］。ほかにも隠元禅師に同様の歌があるというから［高井：一九八三］、豆腐礼賛の定型句として広く知られていたようである。

さらに徳川八代将軍・吉宗（一六八四～一七五一）も豆腐を好んだようで、『有徳院殿御実紀付録』巻一七に興味深い話がある。将軍家のお抱え料理人が吉宗に豆腐を供したとき、これは白川大豆で作った豆腐ではないかと吉宗が下問した。料理人に確認するとその通りだったので、全員感服したという。この話には、吉宗が舌の肥えた鋭敏な感覚の持ち主で、かつ庶民のこと

「豆腐自画賛」(松平不昧筆)

にまで通じて、倹約を重んじた名君という意図が見え隠れするが、吉宗が豆腐を好んでいたことは事実だろう。まさに豆腐は、将軍から庶民まで身分を問わず万人に愛された食べ物であった。

ところで穀物類の食べ方には、粒食と粉食があり、米飯に代表される粒食はそのままの形であるが、粉食の場合は小麦などを挽いて粉とし、パンや麺などに加工して食することから、原型とは異なり変幻自在の形となる。とくに豆腐は、湿式粉食という方法によって、大豆から抽出したタンパク質を、熱変成により凝固させて作る。こうした複雑な工程を採ることで、原料の大豆からはほど遠い形と独特の味わいが引き出される。

また形も自由自在に変えられ、しかも、その味はけっして濃厚ではないから、さまざまな味付けが可能となる。さらに歯触りも柔らかいものから堅いものまで多様であるから、冷や奴・湯豆腐・汁物・鍋物・煮物・炒め物・揚げ物・蒸し物など、幅広い料理に用いられる。加えて山川下物が寄せた天明三(一七八三)年刊『豆腐百珍続編』の序文(一三〇頁参照)に「およそ今の酒客(さけのみ)の肚裡(はら)を知れる物は淮南(とうふ)の上にたつものやあらし」とあるように、豆腐は酒の肴にも最適であった。いずれにしても豆腐は遠く江戸の昔から、広く人々に愛され親しまれてきた食品であった。

そして、民俗行事における食事の場でも、豆腐は重要な役割を果たしてきた。たとえば山形県鶴岡市に伝わる黒川能は、旧正月の王祇祭(おうぎさい)に農民自身が演じることで広く知られるが、この祭りでは大量の豆腐が供されることから、王祇祭は豆腐祭りとも呼ばれている。このほか島根県因幡地方にも、一二月八日はうそつき豆腐といって、この日に豆腐を食べておけば一年中の嘘が帳消しになるとされているが[西村編：一九七九]、こうした豆腐にまつわる民俗事例は各地に少なくない。それ以上に豆腐を用いた料理は、どの村々や町々でも年中行事や冠婚葬祭などの物日(ものび)や正月の膳に、ご馳走として必要不可欠な一品とされてきた。

さらに、豆腐は栄養価が高いにもかかわらず、消化・吸収が良くかつカロリーが比較的低いため、健康的な食品として人気が高い。とくに植物性タンパク質や脂質が豊富であるほか、カルシウム・マグネシウムの含有量も高い。しかも過度の摂取が肥満や生活習慣病を誘発するようなコレステロール値はゼロで、栄養バランスは非常に良い。豆腐は植物性食品としてきわめて優れた栄養食品ということができよう。長いこと獣肉食を遠ざけてきた日本では、魚とともに重要なタンパク源としての役割を果たしてきた。

また中国の本草学では、豆腐の五性は涼で、五味は甘、これが功を奏する特定の経脈としては脾臓・胃・大腸であり、水分不足・乾燥・熱・毒素排出・母乳不足に効果があるとされている[杏仁：二〇一六]。中国医学は、西洋医学とは異なり、陰陽五行説という理論を背景に、経験的知識によって薬効のある食品の性質を分類し、どの臓器にどう機能するかを重視するが、ここでも豆腐の効能が認められている。

さらに豆腐の大きな特徴として安価な点が挙げられる。近年、豆腐屋の数は減ったが、まだ地域を回って売りに来るケースも少なくはない。そして機械的大量生産方式の登場によって、今ではスーパーやコンビニなどで、一丁が一〇〇円から一三〇円程度、一〇〇円以下でも容易に手に入るようになった。安い豆腐にはアメリカやカナダ産の大豆が使われているが、日本での反応を考慮して、これには遺伝子組み換えが行われていないとされている。いっぽうで二〇〇円以上、あるいは一丁一〇〇〇円近い高級豆腐も見かけるが、こうした豆腐は国内産大豆を使用し、丁寧な製法や特定の品種へのこだわりなどを売りにしている。しかも近年では、パック包装化が進み殺菌技術も発達したことから、長期保存が可能となって、流通機構的にも家庭的にも便利になっている。基本的に安くておいしい豆腐は、容易に入手が可能となり、身近で優れた食材として、食卓を賑わせてきたのである。

昔は、必要なおりに豆腐を自家で製造していたが、しかし作る手間はたいへんで、いくつかの工程を経なければならない。しかもそれぞれの段階での微妙な判断の違いが、豆腐の出来・

不出来に大きく作用した。また物日などには大量に使用するため、隣家などが集って製造することもあったが、豆腐の需要が高まると、その製造を得意とする者が商売として豆腐屋を始めるようになった。こうして村や町においても入手が容易になり、身近な食材として庶民に愛されるに至ったのである。

このように優れた食品である豆腐は、もともと中国で発明され、アジアで広く食されている。近年ではヨーロッパやアメリカでも愛好者が増えてきており、英語ではsoybean curdとなるが、むしろtofu(トーフ)の呼称で親しまれている。

歴史的にみて豆腐がどのように登場したのか、またいつごろ日本に伝わったのか、といった問題については、残念ながら詳細は不明とするほかはない。ただ日本への伝来には仏教、つまり僧侶や寺院が深く関与したことにほぼ疑いはなく、いくつかの文献にも豆腐記事が登場する。そこで本書では、この非常に魅力的な豆腐という食品について、文献史料を中心とした上で、日本各地に伝わるさまざまな豆腐の現地調査をふまえ、トータルな観点から、その文化史を描いてみたいと思う。

目　次

第１章

大豆から豆腐へ

山口県の祝島で石豆腐を作り続ける浜本新太郎さんの地釜
（2023 年：著者撮影）（21 頁）

大豆という原料

まず豆腐という優れた食品の秘密は、主原料となる大豆にあるので、これを少し詳しくみておこう。

大豆は、一年草の豆科の植物で、広く食用とされており、黒大豆・黄大豆・青大豆などがある。未成熟の種子は、枝豆として茹でて食されるが、完熟種子はエネルギー価が高く、タンパク質や油脂分を多く含む。国産青大豆の場合で、一〇〇グラム中、熱量三五四キロカロリー、タンパク質三三・五グラム、脂質一九・三グラムを含み、ブタ肉の脂身付きバラ肉同量の三六六キロカロリー、一四・四グラム、三五・四グラムに匹敵する。しかし、コレステロールはゼロであるから［新食品成分表編集委員会編：二〇二三］、優良健康食品の雄とみなされている。

大豆は、基本的に乾燥させた堅い種子を食用とすることから、その調理にはかなりの手間と工夫を要する。しかも大豆には、イソフラボンやサポニンなど不快味を生ずる物質も含むことから、これらを除去する必要があり、いくつかの調理法が考案されている。たとえば炒り豆のように直接火を加えて食べるか、煮豆などのように長時間水に漬け込んで煮込んだりする。あるいは臼やすり鉢などで粉食とする。これには乾式製粉と湿式製粉とがあり、前者は黄粉(きなこ)のように乾燥したまま粉砕するが、後者は呉のように水分を含ませてから磨り下ろす。さらに納豆などのように発酵現象を利用して成分そのものを変化させて食用とするケースもある。豆腐はいずれにも属さず、湿式製粉の上、豆乳を搾って凝固させるという複雑な工程が採られる。

こうした加工調理を経て食用とするほか、大豆には脂肪分も多いことから、サラダ油・天ぷら油・マーガリンなどの原料として搾油にも用いられている。そして搾り粕は、味噌や醬油、さらには菓子の原料としても使われている。もともと肉に匹敵するほどのタンパク質を含有することから、大豆は「畑の肉」とも呼ばれてさまざまな形で重用されてきた。さらに最近では世界的な規模で健康志向やビーガニズムが拡大したこともあって、代替肉として大豆ミートが大きな注目を集めている。すでに大手ハンバーガーチェーンでは、大豆ミートが使用されているほか、最近では、大豆を原料としたスクランブルエッグや、豆乳などを使って肉類を用いないとんこつラーメンまでもが販売されている［若井他：二〇二一］。

また大豆の茎葉は豊富な窒素と石灰を含むため、古くから畑の肥料や家畜の飼料などとして広く利用されてきた。むしろ近年では、大豆そのものの食用よりも、大豆油の搾出が主体で、食品化学工業の原料としての利用量の方が多く、かつ油の搾り粕は家畜飼料や肥料としての利用度が高い。こうして大豆は、小麦とともに重要な交易作物とされており、きわめて汎用性が高い植物として、人々の生活に役立っている。

ただ大豆は、独特の豆臭があるほか、普通に少し煮ただけでは消化吸収が悪く、身体に悪影響を及ぼす成分が充分に分解されないため、食用とするにはかなりの加工技術を必要とする。この利用法を発達させたのが、温暖湿潤な東アジア・東南アジアのモンスーン地帯で、ほとんどが豆腐として食用されるほか、味噌・醤油・納豆といった微生物を利用した発酵食品に加工される。ただ、こうした加工技術が発達をみたのは、東アジア・東南アジアという世界に限られてしまい、世界的にみても搾油用には膨大に利用されているにもかかわらず、調理して食用とする地域は少ないとされている[吉田：二〇〇〇]。

大豆栽培の歴史

もともと大豆は、中国北部から朝鮮半島・日本に自生するツルマメが原種で、東アジア原産であることにほぼ疑いはないが、起源地については諸説がある。品種の集中度や農耕史・考古学などの成果をもとに、中国東北部の旧満洲起源説のほか、中国北・中部起源説、朝鮮半島起源説、中国南西部の雲南起源説、さらには中国南東部の河南起源説などがあるが、近年では品種群の形質分析などから、河南起源説が有力視されている[杉山：一九九二・吉田：一九九三]。

なお文献的には、少なくとも紀元前六世紀以前のものと推測される『詩経』の大雅と魯頌に大豆を指すと思われる「荏菽」「菽」が見える。とくに後者は、伝説上の周王朝の祖先で、農業の神でもある后稷がこれを植えたとしており、『史記』周本紀にも后稷が子供の頃から好んで麻や菽を植えた旨が見える。さらに紀元前後の成立と推定される『神農本草経』にも、中品の薬物として「大豆黄巻」が見え、農業の創始者と伝える神農の時代にも大豆があったとされている。つまり伝承としては、農耕の始まりの段階で大豆が栽培されていたことになる。おそらく考古学的時代にまで遡るとみてよいだろう。

　とくに近年の日本考古学では、土器に残された穀類や豆類のレプリカ法を用いる圧痕研究が著しく進んだ。これによって、一万年以上も前の縄文草創期の宮崎県王子山遺跡をはじめ、縄文早期の遺跡などからも、大豆の祖先にあたるツルマメの圧痕が確認されるようになった［中山：二〇一五］。そして中部地方や西関東地方の遺跡などでは、縄文時代前期から後期にかけて、大型化したツルマメが検出されるようになり、日本でも大豆としての栽培化が進んだとされている。さらに中国や朝鮮の大豆の形態分析から、大豆の栽培地は複数にわたり、多発的に発生した可能性も指摘されている［小畑：二〇一五］。

　かつては縄文農耕論に対して否定的な見解も多かったが、近年の考古学の新たな手法は、その存在を確実なものとしたほか、栄養価の高い大豆や小豆などの豆類が縄文早期頃から栽培され始めていたことを明らかにしている。その後、四、五千年前の縄文中期頃からは、日本における大豆の栽培が拡大していったと考えられる。いずれにしても弥生時代におけるイネやアワ・キビなど大陸系穀物の農耕以前に、豆類の栽培が行われていたことは注目に値しよう。

もちろん日本でも歴史時代に入ると、さっそく文献に大豆が登場する。アジア・オセアニアなどの焼畑農耕民の間には、神の死体から五穀などの作物が出てくるという食物起源神話がある。日本でも『古事記』『日本書紀』には、死んだオオゲツヒメ（後者ではウケモチノカミ）の尻（後者では陰部）から大豆が生えたとしている。そして大豆について一〇世紀前半の『倭名類聚抄』は、「一名菽、音叔、和名万米」と記し、単に「まめ」と呼ばれ、菽豆とも称するとしている。ただ「おおまめ」と訓じる古辞書も多く、俗には「みそまめ」とも呼ばれている。

なお中世には、基本的には概括的な史料は少ないが、明応九（一五〇〇）年頃の成立と推定される『七十一番職人歌合』三五番では、米売りと豆売りとが対になって詠われており、大豆は米と並ぶ主要な穀物であったことが窺われる。このほか個別的な文書史料から、その生産について関東平野の事例ではあるが、元徳三（一三三一）年一〇月一二日の教智田畠注文（『金沢文庫古文書』五四〇二号）には、「やしき（屋敷）には、いも・まめをつくりて候」とあり、中世在家農民の屋敷畠での主要な作物は里芋と大豆であったことが知られる。

さらに慶長一一（一六〇六）年の武蔵国埼玉郡正能村の「畠方検地帳」には、珍しく耕地ごとに麦の裏作物が記されている。同村の畑地面積二二町一反余（二二・一ヘクタール）のうち、木綿が二七・三パーセント、次いで大豆が二六・九パーセント、芋が二三・二パーセントを占める〔原田：一九九九〕。このうち木綿は一五世紀に朝鮮半島から移入された商品作物であるから、やはり中世においては大豆と芋が主要な畑作物であり、大事な食料であったことに間違いはない。

大豆の特性と世界への広がり

しかも大豆は、一般に不作とされる年でも収穫が可能であることから、すでに中国では紀元前一世紀頃の農書『氾勝之書』に、古代人は大豆を飢饉の貯蔵物とした旨が記されている。基本的に大豆は、他の作物に比して耕地を選ばず、定畑や焼畑のほか、荒れ地や田畑の畦畔などでも作られた。とくに大豆には根粒バクテリアが共生し、これが空中窒素を固定して地力の維持や増進に効果があることから、畑地の輪作体系に不可欠な作物として組み込まれてきた。

日本でも土地活用の観点から、すでに安政六（一八五九）年に刊行された大蔵永常の農書『広益国産考』が、畦畔での大豆栽培を推奨し、自家用のほか商品としても利があるとしている。これは大豆が植物の成長に必要な窒素肥料を供給するために、水田での稲作にも重要な役割を果たしていたことが窺われる。もちろん次項で述べるように、味噌・醤油・煮豆・豆腐などとして食事の一部を占めるなど、きわめて有益な作物であった。ただ畑作物としての大豆は、タンパク質が多いだけに地力の消耗度も高く、単作を続けると連作障害を起こしやすいという欠点もある。

前述したように大豆が東アジア起源であることに疑いはなく、そのためかヨーロッパやアメリカに広まるまでにはかなりの時間を要した。大航海時代の一七世紀初頭に刊行された『日葡(にっぽ)辞書』の大豆の項には、「日本の大豆、豆」とのみ記されていることから、ヨーロッパには大豆が存在していなかったことが窺われる。むしろ大豆は日本を通して後年、ヨーロッパに広まった。大豆を原料とする醬油がソイソース(soy sauce)として、西洋人に好まれて輸出されたため、大豆は**soybean**と呼ばれるようになり、国によっては**soja**あるいは**soia**などと表記されている。

ヨーロッパへの大豆種子の導入は一八世紀に行われたが、土壌が適しなかったためか、この段階では栽培化には至らなかった。むしろ日本経由で大豆がアメリカに入り、栽培が本格化され、ヨーロッパには一九世紀以降になって広まった。そして二〇世紀に入ると、製油や飼料に盛んに大豆が利用されるようになって、世界的にも需要が急増した。現在では、アメリカをはじめブラジル・アルゼンチンが主な産出国となっており、この三国で世界の八〇パーセント以上を生産している。とくにアメリカは、現在世界の生産量の三分の一を占める生産国となり、そのほとんどを輸出に回している。

もちろん日本では、明治・大正期までは広く栽培されていた。しかし昭和に入って世界最大の生産・輸出地であった旧満洲(中国東北部)からの輸入が増加し、国内での生産量は著しく減少していった。そして第二次世界大戦後には、アメリカから大量に輸入するようになった。今日では、アメリカからの輸入が七〇パーセントを占め、これにブラジルが次いでいる。

ちなみに日本国内では北海道が産地となっているが、二〇二二年段階で国内自給率はわずか七パーセントにすぎない。しかし輸入大豆は遺伝子組み換えが中心で、食用には国内産大豆が好まれることから、食品自体としての自給率はカロリー計算で二一パーセントほどとなり、そのほぼ半分が豆腐の生産に宛てられている(「知ってる?日本の食料事情」)。

大豆と日本の食文化

一八世紀初頭の貝原益軒の『大和本草(やまとほんぞう)』に「凡五穀の内、稲につぎて大豆最民用の利多し(中略)農夫土地の宜しきに随てつくる」とあり、稲に次ぐ作物とされている点が注目される。しかも単に食用とするのみならず、味噌・醤油のような発酵食品や豆腐・黄粉などの原料となるところからも、米とともに日本の食文化を形作ってきた。たとえば周防(すおう)大島における近年の聞き書きでも、田圃の畦で大豆をつくると、だいたい四斗ほど穫れ、このうち三斗くらいを煮豆や黄粉、味噌や醤油に使い、残り一斗は豆腐屋に持って行って豆腐と交換したりするという[中山他編:一九八九]。

とくに味噌は、最も重要な調味料であると同時に、日本の食事には味噌汁が不可欠なものとされてきた。一七七五年に日本を訪れたスウェーデンの植物学者カール・ツンベルグは、『日本紀行』第二〇章に、「味噌即ち大豆の汁は日本人の食料品の主をなすものである。あらゆる階級の人、高きも低きも、富めるも貧しきも、年中日に数回これを食べる」として、その製法までも書き留めている。そもそも米のご飯に味噌汁と漬物、これに醬油がけの奴豆腐と、主菜の焼き魚でも付けば、典型的な和食であり、その重要な要素だったのである。

さて、日本の食文化を考える上で重要な味噌と醬油であるが、もちろんこれも中国起源で、大豆の起源地の一つと目される江南地域に、その源流がある。もともとはカンボジアのトンレサップ湖周辺で考案されたと思われる魚醬(ぎょしょう)から発達したもので、魚醬とは小魚類を塩漬けにしてアミノ酸発酵を起こさせた旨みの高い調味料であった。これが米文化圏を北上するうちに、江南地域でタンパク質含有率の高い大豆に出会って、これを小魚類の代わりに用いて作ったのが穀醬であり、これを進化させて味噌・醬油が生まれた。したがって中国・朝鮮半島にも味噌・醬油はある。

しかし、日本の醬油は優秀であった。同じく『日本紀行』第二六章に「(茶は中国の方が品質がよいが)その代り非常に上質の醬油を作る。これは支那の醬油に比し遥かに上質である」として、すでに一八世紀後半には、日本の醬油が大量にヨーロッパに輸出されている旨を述べている。

これはアミノ酸発酵などを引き起こすコウジカビ菌の優秀性に由来するもので、とくにタンパク質やデンプン質類に対して高い分解能力を有するニホンコウジカビ菌（アスペルギルス・オリゼー）を利用しているため、美味しい味噌・醤油・日本酒・酢が製造されている。この種の菌は、日本の国菌として認定されており、わが国独自のコウジカビ菌で、日本でのみ繁殖している。これは長年にわたる選抜育種の成果であり、先人の努力によって創り出された独自のコウジカビ菌ということになる。こうしたすぐれた醸造技術によって、大豆を原料とした味噌や醤油などの重要な発酵調味料が生み出されたのである。

もともと日本には、水田稲作とセットで魚醤が伝わったと考えられるが、奈良時代になると味噌の原型である未醤（みしょう）が登場する。そして古代国家の大膳職に醤院（しょういん）が置かれたり、『倭名類聚抄』には塩梅（あんばい）類に大豆が調味料として分類されている点などから、すでに国家レベルでは魚醤よりも穀醤の方が卓越していたことが窺われる。なお醤油が登場するのは室町時代で、コンブやカツオブシによる出汁が開発されて、和食文化の基礎が整った時期のことであった。まさに出汁と発酵調味料こそが和食出現の要であった。

ちなみに魚醤は、イシルやショッツルとして現代の日本にも伝えられている。この兄弟分にあたるのがナレズシで、逆に魚類を米飯に漬け込んで乳酸発酵させて保存と旨みを引き出す。ナレズシは、アジアの米文化圏にもあるが、日本では米飯に発酵済みの酢を加えた寿司飯という早鮨を考案したところに特色があり、その延長線上に江戸前の握り鮨が生まれたし、これに醤油は欠かすことができない。

いずれにしても大豆をはじめとする発酵調味料を用いた和食は種類が多く、日本の食文化とは切っても切れない関係にある。ちなみに大豆は、穀霊を宿して邪気を払う穀物として好まれ、正月のめでたい食品に黒豆として添えられたり、節分には豆撒きや作占いに用いられた。『時慶記』慶長一〇年二月二五日条には「節分大豆」が見えるほか、すでに建保三(一二一五)年には成立していた『古事談』巻三一九話には、煎った大豆に酢をかけて「酢ムツカリ」を作っている記事があるほか(スミツカリは北関東などでは二月初午の日に作る)、さらに十三夜は豆名月として十五夜とならぶ畑作物の収穫祭とされるなど、さまざまな民俗行事に用いられているが、これは大豆が日本人の食生活のなかで重要な位置を占めてきたことを意味している。

いかに大豆が日本人の生活と密接な関係にあったかは、現在の一人あたりの年間大豆消費量からも窺われる。そもそも大豆発祥地の一つと考えられる中国でも三・九六キログラム、最大の生産国アメリカに至っては〇・〇四キログラムにすぎないのに対し、日本は八・一九キログラムとなっており、中国の二倍以上消費していることからも、日本人がいかに大豆に親しんできたかが窺われる(「日本の食卓に欠かせない大豆の自給率はどのくらい?」)。そして、その最大の加工食品が豆腐であった。

豆腐の製法と種類――木綿豆腐・絹ごし豆腐・充填豆腐

ところで、豆腐はどのように作られるのか、その製法については煮取り法と生搾り法とがあるが、ここでは一般的な煮取り法の場合で見ておこう。

いずれにしても、まず大豆を精選して、割れ豆・虫食い豆や他の夾雑物を取り除くとともに、表面に付着している土やほこりなどのゴミも綺麗に洗い落とさねばならない。こうした大豆に三〜四倍ほどの水を加えて、充分に浸し漬ける。この作業は、気候によっても水温や時間が異なるが、いずれにしても均一にほどよく吸水させる必要がある。この浸漬(しんせき)した大豆に水を注入しながら石臼で磨り潰しドロドロとした状態にして、いわゆる生呉(なまご)を作る。

ここまでは双方とも同じであるが、煮取り法では、この生呉を加熱して煮呉とし、布で濾してオカラ(雪花菜・キラズ)を搾り、濃度六〜八パーセント程度となる豆乳を抽出する。ただ、この過程でサポニンが発泡作用を起こすため、泡を掬って取るか、加熱の具合で調整するか、あるいは植物油などの消泡剤(かつては米糠など)を用いて除去する。こうして得られた豆乳の温度が七〇〜七五度ほどになったところで、ニガリなどの凝固剤を投入して豆腐に固める(凝固剤については一九九頁・二〇三頁以下参照)。

この凝固剤を投入した段階では、まだ凝固は不定形状態にあるので、これを崩して大豆のホエー成分(凝固剤で固まりきれなかったタンパク質や糖分)を湯取りし、残りを孔の空いた型箱の中に木綿の布を敷いて汲み入れる。その型箱の上に板を載せ、重石をかけて水分を抜きつつ圧縮・成形させ、さらに水にさらすと豆腐が出来上がる。これで、だいたい大豆一升(一・三キログラム)で一〇丁から一五丁の豆腐ができる。つまり約三〇〇グラムの豆腐一丁に最低でも八〇~九〇グラムの大豆を必要とすることになる。

以上が、基本的な木綿豆腐の作り方であるが、現在では、こうした工程の機械化がかなり進んでいる。ただし、浸漬の段階での水量・水温や時間、あるいは加熱の加減や泡の取り方、また添加剤の量と投入のタイミング、さらに圧縮・成形の際の重石のかけ具合や時間など、その調整にあたっては、細心の注意が必要とされる。いずれにしても豆腐作りには、かなりの経験とコツを要する。材料である大豆の品質とともに、作り手の技術が豆腐の味を左右するところとなる。

とくに豆腐作りにおいては、大豆から作った豆乳を固めるという作業が不可欠で、そのためには大豆に含まれるタンパク質を加熱した上で凝固剤を投入する必要がある。この作業を煮取り法では、生呉からの豆乳抽出の前に行う。これに対して生搾り法では、生呉から豆乳を抽出した後に、これを加熱して凝固剤を投入するという製法が採られる。後にみるように(四六・四七頁参照)、もともとは生搾り法が基本で、中国や朝鮮半島などでは今も主流であるが、現在の日本では、沖縄を除けば、煮取り法が一般的に行われている。煮取り法の方が、オカラとの分離がよいので、濃い豆乳が得られ、コクと風味のある豆腐ができる。しかし生搾り法の方が、雑味がなく大豆本来の旨味が活かされるなど一長一短がある。

なお木綿豆腐製造途中の豆乳を凝固させたままの状態で、水にさらさず容器に盛り付けたものを、おぼろ豆腐あるいは寄せ豆腐と称しており、とくに形をザルで整えたものをザル豆腐と呼んでいる。これには圧搾や晒しという工程がないために、寄せ始めたおぼろげな状態で、ふわふわした柔らかな食感が楽しめる。とくに沖縄でユシ豆腐として好まれているのがこれにあたる。

そもそも一般的な豆腐の製法では、圧力をかけて水分を抜く時に、型箱の内に木綿を敷くことで豆腐に布目が残される。このため木綿豆腐とも呼ばれている。しかし柔らかな絹ごし豆腐の場合は、成形・脱水に絹を用いるわけではない。豆乳を型箱で凝固させる点は同じであるが、水分を抜かずに成型するので、きめ細かく滑らかな食感となることから、この名称がある。ただ脱水という過程を省くことから、木綿豆腐よりも濃いめの豆乳を用いる必要がある。また脱水しないために、水溶性のビタミンB_1やカリウムなどが木綿豆腐よりも多く含まれることになるが、料理としての応用度は低いという特徴がある。

さらに近年多く流通しているのが充塡豆腐である。これはいったん冷却した豆乳に凝固剤を加え、ポリエチレン容器などに注入し、密封させた上で、温槽に入れて加熱して全体をプリン状に凝固させるため、水晒しという工程は省略される。この製法では職人技のような経験や勘を必要としないことから、これによって機械による安価な豆腐の大量生産が可能となった。この充填豆腐は、袋状のものからスタートし、カップ状のものもあるが、最近では普通の豆腐の形に近い深型トレイで販売されるようになった。しかも、これには加熱時の殺菌効果により、より長い賞味期間が保証されるというメリットもある。こうした豆腐の製造技術の進歩は、豆腐屋の在り方を大きく変えたのである(一六八~一七〇頁参照)。

豆腐と水

ところで豆腐作りでは水がもっとも大切で、良い水を使うと豆腐が美味しくなるとされている。昔から名水が出るところが、良い豆腐の産地とされてきた。これは豆腐作りの工程に水が深く関わり、大豆の洗浄と浸漬、生呉の煮沸、凝固後の水晒しや冷却、さらに保存などの際に大量の水が使用されるためである。そして何よりも豆腐そのもののうち八〇~九〇パーセントが水だからである。柔らかな絹ごし豆腐で八九パーセント、堅い木綿豆腐でも八六パーセントが水だとされている。それゆえ原料の大豆や作業工程の良し悪しも重要であるが、大量に使用される水が豆腐の味に大きく関与することになる。このため「水は豆腐の命」ともいわれている。

そもそも日本は水に恵まれた地域であるが、これは気候と地形条件によっている。温暖で多湿なアジアモンスーン地帯の東端に位置し、国土の七〇パーセントが山地であるから、そこに繁る樹木群によって水が適度にキープされ、それが河川となって表出したり、地下水として滞留したりしている。しかも河川は比較的傾斜が強く川幅も狭いのですぐ海に出てしまったり、透水性が高く火山性で密度の低い地層が多く、地下水としての滞留時間が短かったりするため、地表との接触の度合いが少ないことから、ほとんどが軟水となっている。

軟水とは、カルシウムやマグネシウムなどのミネラル分を、それほど溶かし込んでいない天然水のことで、硬水の対語である。水一〇〇ミリリットル中のミネラル分を酸化カルシウムに換算して、一ミリグラム含まれる場合を硬度一度とする。そして硬度二〇度以上の水を硬水、一〇〜二〇度のものを中硬水、一〇度以下のものを軟水として区別する。日本の場合、通常の河川水・水道水の硬度は二〜三度ほどの軟水であるが、場所によっては例外的に二〇度を超すところもある。硬水は、工業用水・生活用水として不適切であり、軟水の方がミネラルが少ないためにクセがなく飲みやすい。酒作りの場合は、ミネラル分が酵母菌の発酵を促すため硬水の方が適しているが、豆腐作りは硬水だと水中のカルシウムが大豆タンパクと結合して堅くなりすぎるため軟水が用いられる。

また豆腐以外でも、和食の出汁に硬水を用いると、その旨味成分がカルシウムと反応してアクとなってしまい味が落ちる。さらにお茶についても、硬水だとタンニンがうまく抽出されずに、本来のお茶の味が失われてしまう。こうしたことから、和食文化の味覚体系に軟水は欠かせないことになる。なおミネラル分は、多すぎても少なすぎても味わいがなくなるので、美味しい水とは適度なミネラルを含んだもので、世界的にみても日本の水は美味しい部類に入る。

それゆえ日本の豆腐は美味しいことになるのだが、現在では必ずしも井戸水などを、そのまま豆腐屋では使えない。昭和二二(一九四七)年発布の食品衛生法に基づいて、昭和三四(一九五九)年に「食品、添加物等の規格基準」が厚生省告示三七〇号として出された。このうちには「豆腐の規格基準」も定められており、水に関しては、「豆腐を製造する場合に使用する水は、食品製造用水でなければならない。」という一項がある。この食品製造用水とは、昭和三二(一九五七)年制定の水道法で定められた水道水か、別表で二六項目にわたって細かく規定された、細菌や化学物質の含有量およびph値・色度・濁度をこえない水であることを意味する。

これは該当地域の保健所によって指導されることから、実際にはなかなか井戸水を使うことができなくなっている。たしかに食品衛生の観点からすれば、こまかな配慮とはなっているが、地域の伝統的な豆腐作りに変容を与えるものでもあった。とくに昭和三四年の厚生省告示は、遅れて本土復帰が実現した沖縄の豆腐文化の伝統との間で、一つの矛盾を惹き起こすところとなる（二〇八頁参照）。

ニガリと海水

基本的に豆腐とは豆乳中のタンパク質を固めたものであるから、これに用いる凝固剤もまた豆腐作りに重要な役割を果たすことになる。そこで凝固剤についてみれば、かつて日本では粗製海水塩化マグネシウム、つまり液体ニガリを用いることがほとんどであった。なお油揚や凍み豆腐などには、凝固力の強い塩化カルシウムの液を使うこともある。しかし古くから用いられてきたニガリでの凝固は技術的に難しく、今日では効率性の観点から、石膏を精製した硫酸カルシウム（スマシ粉）やデンプンを発酵させたグルコノデルタラクトンなどの化学製品が主流となってきた（一六九頁参照）。ただしニガリの方が風味が良いので、最近は復活して高級な豆腐などに使われている。ニガリは苦汁とも書き苦塩ともいうが、海水から塩を取った残りの液を煮詰めて作る。近年では輸入海水を煮詰めて固めた固形ニガリが広く使われているが、もともとニガリは各家々で作っていた。

島国で岩塩が少ない日本では、基本的に塩の生産には海水を利用してきた。藻塩（もしお）という言葉からも知られるように、海水をたっぷり染みこませた海藻を焼いて水に溶かし、その上澄みを煮詰めて塩を採っていたから、その生産地は海岸部に限られていた。しかし塩は身体保持のためにも、また調味や保存などのためにも、食生活上の不可欠の必需品である。ごく一部の地域では、岩塩や鹹水(かんすい)などを利用する場合もあったが、物々交換や売買などにより海水塩の流通網が発達し、かなり古くから山間部などへも供給されていた。その移動・保存には笊(ざる)や俵・叺(かます)などの容器が用いられた。

塩は精製度が低いものほどニガリが多く含まれているから、粗塩の入った笊や俵・叺を、桶や樽の上に放置しておけば簡単にニガリを採ることができた。ニガリはもちろん豆腐の製造に使われたが、ほかにも肥料としたり、田の除虫や防腐保存にも用いられた。またニガリには土を固める効果があり、土間の地固めや土竈(どがま)の製造にも利用されてきた[渋沢編:一九六九]。かつて豆腐の製造は、日本各地それぞれの家々で行われていたが、これに必要なニガリの入手・確保は、生活必需品として海水塩が日常的に供給されていたから、難しい問題ではなかった。

しかし豆腐作りに、必ずしもニガリは必要ではなかった。それはニガリを抽出する前の海水をそのまま用いても、凝固剤としての役割は十分に果たしてくれるからである。現在でも海水で豆腐作りを行っているところも少なくはない。岩手県九戸郡野田村の米田(まいた)やすさん(一九四八年生)は、かつてニガリの代わりに海水を使っていた。七キログラムの大豆に、海水一二・六リットルを用いた。熱した豆乳に沸騰させた海水をバケツで入れるが、海水は灯油缶に入れて用意しておいた。

海水を使った豆腐は、いろいろな微生物やミネラルが入っているので、独特の旨みがある。ただ海水で固めた豆腐は、ニガリ以外のものも入っているので、凍み豆腐にすると乾きが悪い。また逆に日持ちがしないという欠点がある。しかも手間がかかる上に、最近の凝固剤を使った場合と較べると、歩留まりが悪く半分くらいしかできないという。

また長崎県五島市岐宿の前田豆腐店でも、海水で固めた「潮とうふ」を作っている。同店では、これを登録商標としているが、かつて島の人々は「潮とうふ」と呼んで海水豆腐を作っていた。やはり海水中のミネラル分などのせいで、独自の食感が味わえる。豆腐の堅さは、海水でも搾り加減などで調整できるが、堅めの方が作りやすく同店では堅いものを出している。なお現在では、海水は殺菌して使っているので、日持ちは悪くない。確かにできる豆腐の歩留まりは少ないが、伝統の味にこだわる人も多いという。

このほかにもニガリを用いず、海水で作る豆腐は全国に存在する。山口県上関町祝島の石豆腐もその一つで、現在、島で唯一作り続けている浜本新太郎さん（一九四八年生）は、普通の三倍ほどの大豆から搾った豆乳を、地釜（章扉写真参照）で煮詰めながら海水を少しずつ廻し加え、これを何度も繰り返して固めていくが、大型の石豆腐一〇丁を作るのにだいたい一〇リットルほどの海水を使っている。ちなみに、ここでは大豆から豆乳を搾る際に、お湯で温めたり、ボイラーで蒸すなど加熱を行う温湯抽出法が用いられている（四六頁参照）。さらに沖縄でも各地で豆腐作りに海水が盛んに利用されてきた（二〇一頁参照）。

なお昭和七（一九三二）年の質問票による常民文化研究所の民俗調査では、新潟県西頸城郡青海町（糸魚川市）や長崎県上県郡上県町仁田（対馬市）で、海水による豆腐作りの事例が報告されている［渋沢編：一九六九］。当然のことながら海水の利用は海岸部に多いが、とくに島嶼部における伝承が目立つ。わざわざニガリを使う必要はなく、海水でも十分に豆腐は作れるし、その方が独自の風味があり、古くから海辺では海水利用が一般的であったと思われる。

豆腐の派生食品

つぎに日本で作られている豆腐からの派生食品についてみていきたい。

まず豆腐製造時に作られる呉と豆乳とオカラは、さまざまな料理にも用いられている。呉は、これをそのまま味噌汁に入れ呉汁として、日本各地で親しまれている。独特の深く濃い味わいがあり、たくさんの野菜・根菜を入れる地域も多く、豊富なタンパク質と滋養豊かな温かい汁ものとして広く食されている。

その呉を搾った豆乳も、そのまま飲用とされるほか、鍋物や汁さらにはスープ・グラタンなど、健康的な食品として料理に多用される。最近では、これに乳酸菌を入れて、低カロリー・低糖質のヨーグルトも作られている。また豆乳を加熱して表面にできる薄皮を集めた湯葉（豆腐皮)も古くから利用されてきた。これを乾燥させて干し湯葉として保存し、戻して煮物料理などに多用するほか、汲み上げた直後の生湯葉は刺身としても食されている。もちろん搾り粕であるオカラも栄養価が高く、煮物・炒め物とするほか、団子やコロッケなどの具材ともする。

豆腐そのものの加工品として、もっともシンプルなのは焼き豆腐で、木綿豆腐の水を搾り、両面をじかに焙って焼き目を付けたものにすぎない。しかし、しっかりとして形が崩れにくい上に、水分が少ないところから味がしみこみやすいため、すき焼きなどの鍋物や煮物に用いられる。豆腐屋で商品として用意されてはいるが、もちろん家庭でもフライパンなどで手軽に作ることができる。

そして薄い板状の豆腐を食料油で揚げたものが油揚である。ただし木綿豆腐などをそのまま揚げるのではなく、濃度のやや薄い豆乳から作った豆腐を用いる。これを薄い生地に仕立て、よく水切りをして揚げるが、はじめは低温で薄い豆腐を少しずつ膨張させ、最後に高温で強く揚げ、表面に張りをもたせるように仕上げる。すると袋状になるので、これを開いて寿司飯を詰め込み稲荷寿司とすることから、寿司揚げとも呼ばれる。

これに対して、よく水切りした木綿豆腐あるいは絹ごし豆腐を、長方体に切って高温の食料油で揚げたものが厚揚で、地域によっては生揚とも称する。油揚同様、油脂分が多いので味が濃く、そのまま焼いてもよいし、煮物や炒め物などの料理に多用される。

さらに木綿豆腐を崩して、つなぎに山芋を入れ、ニンジン・ゴボウ・コンブなどの具材を練り合わせて丸く成形し、油揚と同じように、最後に高温で揚げて表面に張りをもたせたのがガンモドキである。関西ではヒロウズ(飛龍頭)ともいい、煮物料理に適する。

より加工度の高いものに凍り豆腐(凍み豆腐ともいう)があり、高野豆腐の名で親しまれている。これは基本的に保存が目的で、堅めの木綿豆腐を小型に切って乾燥させ、脱水した後に寒風にさらして凍結させる。スポンジ状となるため含め煮などとするが、独特の風味と肉質の食感が得られ、かつタンパク質や脂肪分が多い食品である。

同じく主に保存を目的としつつも独自の味わいをもつものに六条豆腐がある。これは塩をまぶした豆腐を、堅くなるまで天日干しにしたもので、これをカツオ節のように削り、そのまま食するか、汁物・和え物・酢の物などとする。

このほか沖縄の豆腐餻は、シマ豆腐を麴や泡盛に漬けて発酵させた食品で珍味とされるが、もともとは中国の腐乳を模したもので(二二一・二二二頁参照)、中国では調味料として炒め物や煮物に用いられるほか、粥やマントウの味付けにも使われる。また中国にはクサヤのように発酵液に漬けて作る臭豆腐がある。これは独特の風味と強烈な臭いをもち、揚げ物や鍋物として食される。さらに豆腐を六〇パーセントまでに脱水した豆腐干や、これを麺状に切った豆腐干糸(豆腐麺)もあり、和え物・炒め物・煮物などの中国料理に用いられている。豆腐の本場中国では、日本以上に豆腐の加工品が多い。

さまざまな豆腐状食品

なお、豆腐とは全く別物であるにもかかわらず、形状が似ていることから豆腐を称している食品群がある。その代表格がゴマ豆腐で、大豆を使わずゴマと葛粉から作る。精進料理の一つとして考案されたが、そのままワサビ醬油などのタレで食するだけで、料理への応用法は乏しい。これとよく似たものに沖縄のジーマミー豆腐がある。ジーマミーとは地豆のことで、ピーナッツを指す。ピーナッツを摩砕して搾った汁に、薩摩芋葛(サツマイモデンプン)を加えたもので、沖縄以外では、西日本などでピーナッツ豆腐として知られ、葛粉などのデンプンを用いる。同様に東北では、クルミを用いたクルミ豆腐も作られている。もっとも著名なものは中国発祥の杏仁(あんにん)豆腐で、杏仁の粉に寒天を合わせて作る。

また高知県の山間部の安芸地方には、アラカシ(ドングリの実)を使ったカシ豆腐(ドングリ豆腐)が伝わるが、これは木の実のデンプンを加熱によって固めたものである[近藤：一九八二]。さらに熊本県の人吉盆地には、イチイガシのドングリから全く同様に作って、コンニャク状にしたものをイチゴンニャクと呼んでいる地域もある[小林他編：一九八七]。なお長崎県諫早(いさはや)・西(にし)彼杵(そのぎ)地方のクワイ豆腐も、次のような手順をふむ。まずクワイ芋を擂(す)り潰して布で濾し、その汁にサツマイモから作ったデンプンと水を加え混ぜた上で加熱する。さらにかき混ぜながら練ったものを型に流すと凝固が始まる。これを豆腐のように切って盛り付け、ゴマ醤油か砂糖味噌をかけて食べるという[月川他編：一九八五]。

ただし、これらはデンプンや海藻で固めたもので、大豆を用いる豆腐とは本質的に異なっている。こうしたプリプリした食感をもつ植物性食品は、中国の涼粉(リャンフェン)をはじめとして、朝鮮半島や東アジアにみられるが、とくに朝鮮ではこの手の食品が多く、それらは「ムック(muk)」と呼ばれている[松山：一九八五]。これらに共通するのは、豆腐のように植物性タンパク質を凝固させるのではなく、植物から抽出したエキスを大量の水で煮たあと、冷却・成形させるという製法である。これらはデンプンの力によって凝固させたもので、豆腐の範疇に入れることは難しいだろう。栄養価も高くはないが、豆腐と同じような独特の食感をもつ植物性食品が考案され、豆腐と呼ばれ好まれていたことは、豆腐の人気を考える上で、非常に興味深い事実ではあるが、この種の豆腐状食品については割愛することとしたい。

第 2 章

豆腐の登場

陳文華氏論文模写図

報告書『密県打虎亭漢墓』模写本

漢代の打虎亭西側一号墓の壁に描かれた「豆腐作坊」図
(32 頁)

淮南王劉安の伝承

およそ古くからある加工食品については、発明者の個人名など特定できないのが普通であるが、豆腐に関しては紀元前二世紀頃に淮南王劉安が考案したといわれている。以下、中国・日本における豆腐については、篠田統氏の優れた先駆的研究があるので［篠田：一九六八］、これに拠りながらみていくこととしたい。

発明者とされる劉安は、前漢の高祖の孫にあたり、謀反の罪のうちに亡くなった父・劉長の領国を継いで淮南王となった。その頃、諸侯王は漢の封地削減策に対し反乱を起こしていたが、劉安にも叛意があったことから、それが露見して自死に追い込まれ、淮南国は取りつぶされた。この淮南の地は、江蘇省・安徽省の河北部にあたり、黄河と長江の中間を流れる四大大河・淮水の南部に位置し、モンスーン気候の農業地帯に属して、水陸交通の要衝でもあった（次頁地図参照）。

この地に封ぜられた劉安は、学問や音楽を好む知識人として知られ、文章も巧みで、武帝からも信頼されるほどであった。このため劉安の下には、多くの文人・学者や方術士らが集まってきた。方術士とは、さまざまな錬金術的技術を身に付けた専門家のことで、道士や陰陽師た

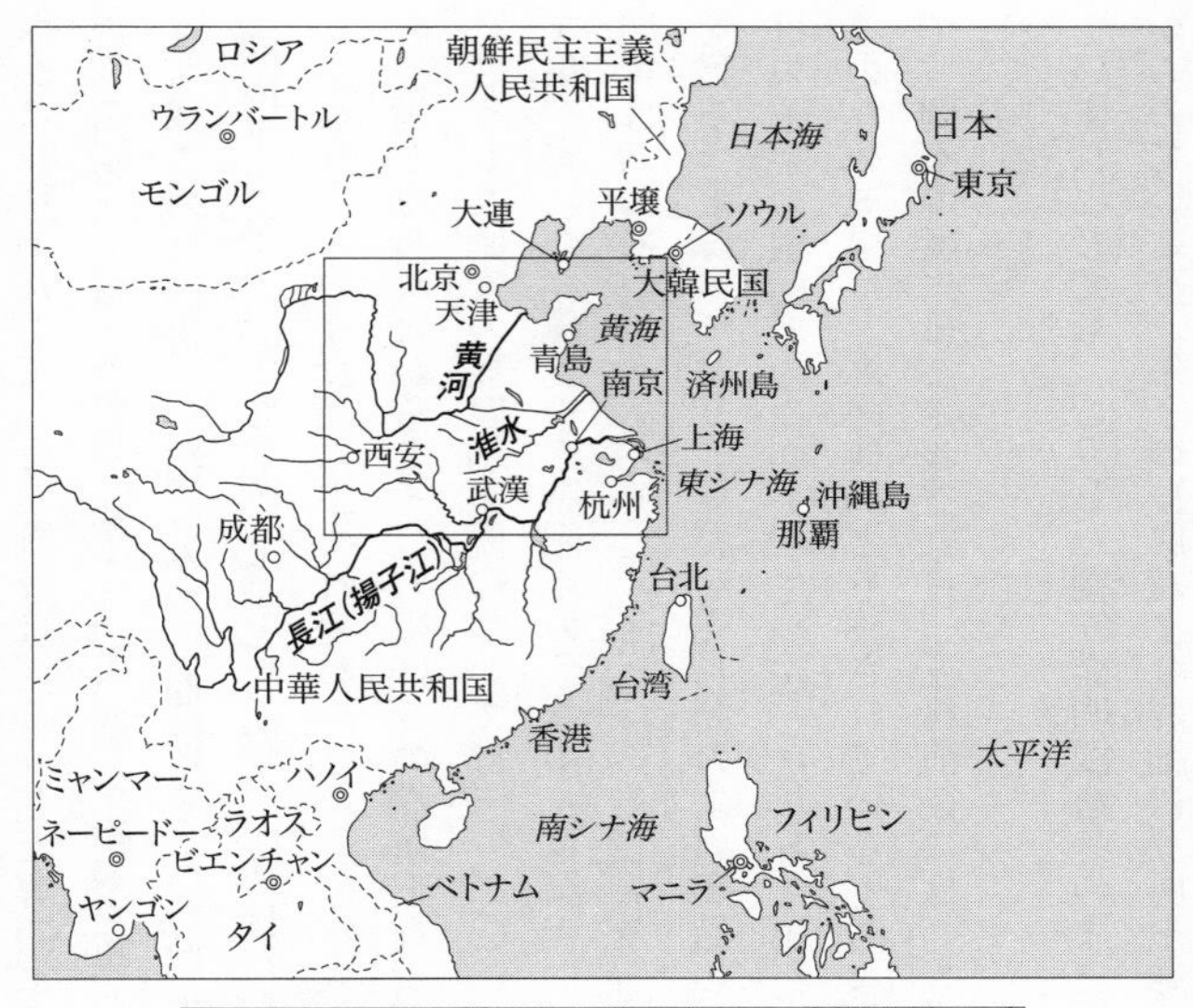

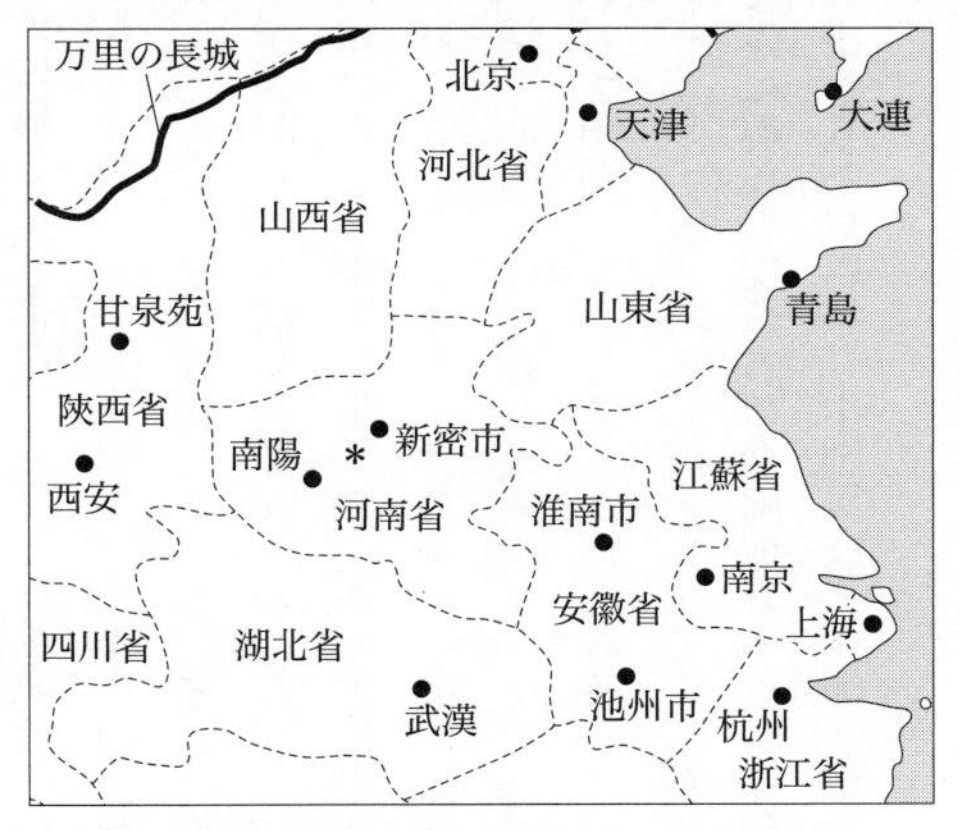

豆腐発祥の地・淮南地方　＊打虎亭漢墓

ちがこれにあたっていた。劉安は、こうした専門家を用いて、紀元前一三九年、百科全書的な書物(内書二一編・外書三三編・中編八巻)の編纂を果たした。これが『淮南子(えなんじ)』であるが、このうち残るのは内書二一編のみで、他はほとんど散失に帰した。また、こうした逸文(いつぶん)の一つに『淮南王万畢術(ばんひつじゅつ)』があるが、ともに豆腐の記述は存在しない。しかし大豆という堅い種子を柔らかな豆腐という食品に生まれ変わらせたのは、人々には信じ難い変化であった。まさに驚きの技術と思われたからこそ、方術好きの淮南王劉安が発明したと信じ込まれたのだろう。

こうした劉安の豆腐創案説については、一二〇〇年に没した南宋の朱子の『晦庵(かいあん)先生朱文公文集』巻三の「蔬食十三詩韻」のうちの「豆腐」に見える。ここで朱子は詩題に「世に伝う豆腐本は乃ち淮南王の術」という注を付した上で、「早く淮南の術を知れば、安座して泉(銭)布を獲る」と詠っており、豆腐が売れ筋のよい商品として出回っていたことが窺われる。この詩は朱子学の創始者の作ゆえ、この伝が広まり、後に定説となるような役割を果たした(補注1)。このため豆腐は、淮南佳品とも称されている。ちなみに現在も安徽省の淮南地方の豆腐は有名で、劉安の誕生日とされる九月一五日前後には、大掛かりな豆腐祭「中国豆腐文化節」が行われているという。

いずれにしても、こうした劉安発明説をそのまま信じるわけにはいかないが、まずこの伝承からみていこう。朱子の豆腐詩より詳細に豆腐を詠ったものに、一四世紀末から一五世紀初頭の明の詩文家・孫大雅(孫作)の菽乳詩がある(『豆腐百珍続編』冒頭所引)。この二八句におよぶ五言古体詩には、やはり淮南王劉安を思わせる興味深い豆腐起源説が述べられているので紹介しておきたい。

その大意は、「淮南信佳士」(淮南の立派な人物の意で、おそらく劉安のことか?)が、仙人になりたいと思って高台を築き暮らしている時に、「鴻宝枕中」という秘書を開いて、珍しい方法で調理法を試み素晴らしい発見をいくつかした。なかでも仙人の生活にふさわしいような貴重な味の白玉を作った。これは戎豆(大豆)を磨り潰して釜で煮て滷汁を入れると出来上がるが、煮て食べると非常に美味しく、柔らかくて歯が悪くなっても楽しめるもので、ブタ肉などよりも優れた食べ物だと絶賛している。

ここで「鴻宝枕中」というのは、劉安が編纂したとされる道家の方術書、つまり『淮南鴻烈』とも呼ばれた『淮南子』のことで、これを読んで豆腐を作ったとしている点が注目される。大豆を豆腐に変えるという技術は、当時の人々にまさに方術のような驚きの技法と思われたのであろう。そこに豆腐の発明者として、淮南王劉安の名が止められた理由があった。さらに一五七八年頃に完成した著名な明・李時珍の『本草綱目』巻二五穀部豆腐にも、彼の自説として「豆腐の法、漢の淮南王劉安に始まる」という注がある。儒学を尊び、本草学を主要な医学として受容した日本においても、朱子や李時珍の説が採られて、豆腐は劉安の発明として広く知れ渡ったのである。

文献と考古からみた豆腐

この問題に関して篠田氏は、かなりの文献を博捜し、先の紀元前の『淮南子』『淮南王万畢術』のみならず、紀元後においても、庶民レベルの加工食品に詳しい六世紀中葉頃の『斉民要術』にも豆腐は見えず、さらに唐代の文献においても、豆腐を確認できないとした。そして、その初見は、北宋時代の『清異録』であることを強調している〔篠田：一九六八〕。もちろん中国最初の農書とされる紀元直前頃の『氾勝之書』には大豆が登場するが、豆腐に関する記述はない。これでは漢代に豆腐が発明されたとするのは難しいことになる。

ところがその後、思いがけない考古資料が公開された。河南省密県の打虎亭村（新密市）において、一九六〇年頃に打虎亭西側一号墓の発掘が行われた。これは漢代最大の墳墓とされるもので、線刻を施した画像石によって墓壁が構成されている。描かれているのは漢代の生活風俗で、その東耳室南壁西幅石刻図の一部に、豆腐作りの工程を示すと思われる図（章扉図版参照）がある。これは『密県打虎亭漢墓』に拓本と模写本とが掲載されており、酒造りか豆腐造りかであろうと報告されている。

これについて陳文華氏はその論文で、この部分の模写図を掲げ（章扉図版上）、このうち1は桶を用いた大豆の浸漬、2が磨り臼による呉と豆乳の分離、4が凝固剤の投入と攪拌、5が型箱による脱水を示すもので、豆乳を煮詰める画面が欠けているが、酒を醸すには磨り臼で碾いたり、粕を濾して水を搾ったりする必要がないとして、豆腐造り以外にはあり得ないと指摘している〔陳：一九九一・王：二〇〇一〕。

ただ、その後に出版された報告書『密県打虎亭漢墓』の模写本（章扉図版下）と比較してみると、図は微妙に異なり、図の2は石臼と判断してよいか、3も釜(?)の上の器具が豆乳の分離にどう関係するのか疑われるし、5の搾りも壺で受ける液体の抽出が強調されているように思われる。酒ではなくとも醬油にあたるような液体調味料の醸造かもしれない。陳氏の模写図には、豆腐だとする解釈が先行しているようにも思われる。もちろん文字史料は伴っていないから、決定的な判断を下すことは難しい。

たしかに陳氏の解釈にも細部に問題は残るが、最後の型箱の形などは今日の豆腐を想像させるし、大筋の流れとしては、これが豆腐の製造工程を描いた厨房図である可能性は高いように思われる。もし、この解釈が正しいとすれば、すでに漢代から豆腐の製造が始まり、しかも現在の製法とほぼ変わらない工程が完成していたとしなければならない。つまり豆腐の登場は、二世紀にまで遡り、淮南王劉安から二〇〇年後には食用とされていたことになる。これはかなり複雑な問題であるが、豆腐の出現に関する事項なので、可能な限りの解釈を加えておきたい。

考え方としては、この厨房図を豆腐と認めるか否かの二通りしかないが、ここでは二つの解釈の根拠を明確にしておきたいと思う。

まず、この厨房図が豆腐以外の製造過程を示すものとし、篠田氏の指摘するように豆腐の社会的浸透を一〇世紀頃とする立場からの解釈が考えられる。この場合には、木の実や穀物類を磨り潰して煮沸し、凝固剤のようなものを投入し、圧搾して固形化した際のものとすべきだろう。後にみるように、はるか後代の『本草綱目』豆腐の項では、大豆以外に泥豆(らっかせい)・豌豆(えんどう)・緑豆などを用い、凝固剤で固めても豆腐ができるとしている点に留意する必要があろう(四四・四五頁参照)。この場合には、大豆以外の材料についてはタンパク質よりもデンプン質の方が多いので、この製法で凝固するかどうかは分からない。あるいは凝固剤として、ニガリや石膏ではなく葛粉もしくはデンプンなどを用いていた可能性も考えられる。

少なくとも非常に古い時代から何らかの形で、木の実や穀物類からの抽出物を凝固させた豆腐的な食品が考え出されていた可能性も否定することはできない。これに関しては、ドングリ類のエキスを固めた韓国や日本の山村に残る「ムック状食品」(二六頁参照)を想定する見解もあるが[林:二〇〇七]、これには凝固剤が使われておらず、先の厨房図4の作業をどう考えるかが問題となるし、その右上に描かれている容器も気になる。また中国の「ムック状食品」である涼粉(リャンフェン)は、シソ科の涼粉草(仙草)を材料とするもので、厨房図の発見地の河南省よりも南部が主な産地となっている点も問題として残る。

次に、もし厨房図が描いているのが豆腐製造法であるとするならば、漢代に存在していたのに、なぜ北宋代まで豆腐という文字が文献に登場しないのか、が問題となる。あくまでも『淮南子』と『淮南王万畢術』は逸文にすぎず、失われた多くの方術書の一部に豆腐の記述があった可能性は皆無ではない。しかし、それから北宋の『清異録』まで一〇〇〇年以上もの間、豆腐の文字が見えないことは、やはり大きな問題だろう。

もちろん文字史料の不在は、その存在を否定するものではありえない。まず考えられるのは、当時の「豆腐」に名称がなかったはずはないから、全く別の呼び方がなされていたことである。これについては後にみるように、宋代の蘇東坡(そとうば)が豆を煮て酥(そ)を作ると詠んだことから(四一頁参照)、古くは豆腐を酥と称していたか、あるいは酪(らく)の語を宛てていた可能性もある。しかし、これらについても漢代の文献で検証することはできないとされている〔篠田：一九六八〕。

あるいは豆腐自体がかなり特殊な食べ物であったとするほかはない。先にも触れた『斉民要術』に記載がないのは、この斉民は庶民の意で、その必要な技術を記したものであるから、豆腐がかなり特殊な高級食材だったためだとする解釈は成り立つかもしれない。また隋・唐の詩文類にみえないのも、その段階では文人たちの口に入りにくかったという事情があったからとも考えられる。さらには豆腐自体が、漢代から唐代にかけては、かなり地域性の高い特殊な食品だった可能性も考えられる。次項でみるように、いくつかの豆腐関係文献に安徽省と関係する話が登場し、淮南の地が豆腐と深い関係にあるが、この場合には豆腐が淮南だけの特産品だったと説明する必要があろう。

また問題の厨房図が発見された河南省新密市は、現在の安徽省淮南市と約三〇〇キロメートルほどの距離に位置している。やはり、この絵画史料の存在は、この地を支配した劉安の下に集まった方術士たちが、豆腐もしくは豆腐的な食品を考案していたことを意味するのかもしれない。しかし、それが余りにも長い時代にわたって、他地域に広まらなかったことや、それを表すような文字史料が当該期に認められないという事実は、全く以て不思議とするほかはない。現在の段階では、豆腐の発生地が淮南付近だったとしても、その時期について断定することは難しい。

『豆廬子柔伝』のこと

さらには豆腐の由来を記した珍しい文献に、『豆廬子柔伝(とうろしじゅうでん)』があるが、同書は寓意に満ちた滑稽な筋書きで、当然のことながら事実と考えることはできない。しかし豆腐の食品としての性格と、その登場について考えるのに示唆的なところが多いので、この文献を検討しておこう。

ただ劉安発明説が全くふれられていない点には留意しておきたい。この作者は、南宋の学者であり詩人としても知られる楊万里(誠斎)で、一一二七年に生まれて一二〇六年に没している。全文が江戸時代の『豆腐百珍』に収められているが、長文でかつ難解な部分もあるので、以下、解説を加えながら要点を押さえておきたい。

　主人公は、豆腐を擬人化した豆盧子柔という架空の人物で、中国の三国南北朝期から唐五代にかけて実在した中国北部地方の名族・豆盧氏に仮託した物語となっている。豆は大豆、盧は濾すの意で、子柔は汁の音を借りるとともに、柔は豆腐の柔らかさにかけている。その名前は鮒で、これも腐に音が通じており、豆腐をにおわせている。この子柔の先祖に、楚の懐王に従って治粟郡(穀類管轄)の副長官となり、飢饉の時に楚の国を救った仲菽がいるという。やがて仲菽の子孫にあたる子柔は、漢の朝廷に仕えるようになったが、そこに西域から浮図(僧侶)の達磨がやってきたので、弟子になろうと思って彼を訪ねた。

　子柔は達磨と何度も問答を繰り返し、ついには達磨に認められ、その知識は達磨の師ともいうべき醍醐酥酪先生のように完璧に近いものだと賞賛された。醍醐は牛乳を精製して作った純粋最上の味のものを指し、酥酪は牛や羊の乳を精錬して作った飲物のことで、酥には柔らかいの意もある。つまり豆腐は、動物性食品最高の味を有する醍醐に限りなく近い柔らかで優秀な食品であることを暗に示している。そこで達磨は、潔癖な性格である子柔を漢の武帝に推薦した。

こうして子柔は武帝の傍に仕えたが、もともと武帝は彼のような儒者を重用する気はなかった。やがて子柔は、無官のままでよいから煮棗侯か博望侯に仕えたいと武帝に願い出た。この煮棗侯は山東省菏沢県の西南部の武将で、豆腐の料理法を連想させる。また博望侯は河南省南陽県を治めた武将で、これに張騫が任じられているが、張騫は大月氏を訪れて西域の文物を伝えたところから、豆腐と西域の牧畜との関連を暗示するものと考えられる。

ところが、これを聞いた武帝は、お前はまだ白面の書生なので二人とも相手にしてくれないだろうと諭し、子柔を有名な儒者である公羊高と魚豢とともに宝鶏の祠の神官に任じた。公羊高と魚豢は実在の人物であるが、それぞれ羊肉と魚肉の象徴として登場している。ただ子柔は、肉を好んで食べる二人が嫌いであった。

その後、武帝は陝西省の甘泉苑に隠棲し、精進し続けるような生活を送って、魚肉類を避けており、子柔だけを呼んだ。しかし子柔は、自分では役不足だとして、武帝の相手に友人の牛氏の子穀を推薦した。ところが武帝は、牛氏（牛乳を想起させる）は口が上手すぎるとして採用せず、やはり子柔を重用した。しかし子柔を信じ続けた武帝が、ある夜、腹痛を起こした。この時、武帝は姜子牙（＝太公望の字で生姜を思わせる）と相談したか、と子柔に問うた。これに対し彼は姜子牙に連絡はしたが留守で会えなかったと答えた。これは小毒のある豆腐（『本草綱目』などの説：八〇・八一頁参照）に、殺菌作用のある生姜を添えなかったので、腹痛を起こしたということだろう。

　このことで子柔は武帝から職を解かれたが、これを聞いた公羊高は、子柔は人を痩せさせるような人物だと悪口を吐いた。このため子柔は安徽省東部の滁山（じょざん）に隠れてしまい、その後の消息を知る者はなかった。そして『史記』各章最後のスタイルを模して、豆盧氏は漢末に現れ、後魏の時代に至って人に知られるようになった、おそらく唐の名士である豆盧欽望（きんぼう）（唐の宰相、六二四〜七〇九）はその苗裔であろうとまとめている。さらに末尾を、子柔が無官のまま武帝に仕えたのも不思議な話であり、僧侶・達磨の勧めで豆腐を推薦したが、ついに皇帝はこれを口にしなかった、と結んでいる。

　これは豆腐という食べ物が、かつての食生活においてどのような評価を得ていたのかを、かなり的確に描き出した寓話といえよう。つまり大豆を原料として、肉に比肩すべきような栄養価をもつが、やはり肉や魚に及ばず、しかも小毒があるので、高貴な皇帝の食べ物とはみなされてはいなかったことになる。まだ普及には至らず、仏教徒に精進として用いられていたことを窺わせる。いずれにしても漢代には、豆腐はまだ特殊な食品と考えられていた可能性が考えられる。

　そして、ここで子柔が武帝に仕えたとする設定は、漢代における豆腐の登場を暗示しているようにも思われる。さらに、それが一般化するのは後魏に入ってからのことで、豆盧欽望が活躍した唐代になって広まったのだ、と楊万里は『豆盧子柔伝』で伝えたかったのかもしれない。また子柔が隠れた山中が、淮南を擁する安徽省の地だったという点も興味深い。もしかすると楊万里や朱子は、淮南王・劉安自身の発明とは認めないまでも、古く漢代に豆腐が存在していたという有力な伝承を得ていたのかもしれない。

さらに、ここで注目すべきは、達磨や醍醐酥酪との関係であろう。西域から伝わったとして、乳と仏教との関連を示唆している。ただ達磨は五〜六世紀つまり南北朝期の人で漢代には生存してはおらず、時代設定には無理があるが、それでも醍醐酥酪の弟子である達磨を豆盧子柔と関係させたかったところに意味があったものと思われる。つまり先にみた孫大雅が菽乳詩を詠ったように(三〇頁以下参照)、この話からも乳製品との密接な関係を窺うことが可能かもしれない。ちなみに豆腐の異名である黎祁(れいき)は、四川付近の方言で、もともとは西域系の言葉であり、漢から唐にかけては乳酪・乳腐を意味し、宋から元にかけては豆腐を意味したという指摘にも留意すべきだろう[篠田：一九六八]。そこで次に、乳製品との関連から、豆腐の登場という問題を考えてみよう。

豆腐の登場と乳腐

先にも述べたように、中国文献における豆腐の初見は意外と遅く、一〇世紀頃に成立した北宋・陶穀(とうこく)撰の『清異録』巻一官志に、時戢(じしゅう)という人物の次のような話が載せられている。

　時戢、青陽丞となる。己を潔くして民を勤む。肉味を給(た)べず。日々に荳腐数個を市(か)う。邑人荳腐を呼びて小宰羊となす。

　時戢という人物が、青陽(安徽省池州市)の知事補佐官として赴任した。清廉潔白を旨として人民のために尽くした。その時戢は、肉を食べずに、毎日毎日豆腐数個を買って食べていた。それで村人たちは、質素な副長官の羊肉の意で豆腐を小宰羊と呼んだ。そしてこれが豆腐の異名として知られるようになった。豆腐の製法に関する記述はないが、この時代における豆腐屋の存在は明らかで、すでに一〇世紀頃には、豆腐が一般に広まっていたことになろう。この話も、まさに安徽省つまり淮南の地のことであった。

　また同じく北宋の大詩人・蘇東坡(そとうば)の『東坡集』巻一三蜜酒歌には、「豆を煮て乳脂を作り酥と為す」と詠まれており、乳製品である酥に似た食品を大豆から作っていたことが窺われる。この乳脂は豆乳のことで、酥は脆(もろ)く柔らかい食物をさすから、これは豆腐の製造を詠ったものと考えられる。おそらく乳脂や豆乳という命名は牛乳からの連想だろう。しかも製法が乳製品に近いことから、豆乳から作る豆腐は菽乳とも呼ばれ、西域系の乳腐を意味する語の黎祁とも称されたのだろう。

そもそも豆腐の「腐」には、「くさる」のほかに「ただれる」「くずれる」「ほろびる」などの訓があり、肉の腐爛することをいい、腐敗・腐朽するの意に用いられる。このため日本でも、豆富の字が宛てられることが江戸時代から行われてきた。もちろん中国でも孫大雅が「腐」を排して豆腐を菽乳と詠んだように、乳製品との関連に注目しておく必要がある。つまり豆腐製造の起源は、中国の農耕文化そのものというよりも、西域牧畜社会の発酵文化に、その原型があると考えるべきだろう。これについても篠田氏は、豆腐は乳腐にちなむもので、この乳腐は漢代から文献に登場する乳製品の酪を意味し、牧畜民との接触によって、その存在が知られていたとしている。

さらに乳腐とは濾して煮立てた牛乳あるいは羊乳に、酸などを加えてゆるく凝固させたチーズの一種で、このホロートという乳製品の胡語に宛てた漢字が腐であるという。したがって腐とは、プリンや脳味噌のようなプリプリした状態をさす。古く乳腐は、あくまでも異民族の食品として、漢民族にも受容されていたと考えてよいだろう。篠田氏は、これを乳腐と称して、彼らが広く食用とするようになったのは、西域や北方民族との交流が進んだ唐代のことで[篠田：一九六八]、その技術を大豆から取り出した豆乳に応用したのが豆腐だとしている。

しかし先の蘇東坡の詩でみたような、豆から乳脂を作り「酥」とするという技術は、漢代における乳製品製法の継承と考えることもできよう。これに関しては、やや時代は下がるが、後代の『斉民要術』を繙けば、豆腐の製法こそは見えないが、酥や酪など乳製品の製造に関する記述はかなり詳しい。もし楊万里が夢想したように、豆腐のもととなる乳腐の製造原理が南北朝時代頃に理解されていたとすれば、豆腐の製造もまた漢代にまで遡る可能性が残されている。明確な証明とはなりえないが、そう考えれば、先の打虎亭漢代墓の厨房図を「豆腐作房図」として読むことが可能となる(三二―三六頁参照)。

史料からみた「豆腐」

『清異録』以降の豆腐の史料としては、嘉祐六(一〇六一)年の撰で、翌年の刊行とされる蘇頌編『図経本草』米部巻一八の「生大豆〈大豆黄巻、豉附〉」の項に「腐に作れば則ち寒にして気を動ず」とある。この一文は『本草綱目』「豆腐」の項にも引かれており、すでに一一世紀中期には「腐」と称する大豆の加工食品があったことが知られる。さらに、この『図経本草』を南宋になって改訂・増補した寇宗奭編『本草衍義』巻二〇の「生大豆」の項では「磑きて腐と為し之を食すべし」と大豆からの加工法を示しており、宋代には「豆腐」を単に「腐」とも呼んでいたことがわかる。

そして南宋滅亡後ともなれば、都の臨安(杭州)の繁栄を追想した呉自牧の『夢粱録』巻一六酒肆の項に、下層の人々の行く酒店で出す料理のうちに「豆腐羹・煎豆腐」がみえる。さらに同じく麺食店のうちに、質素な菜羹飯を売る店の料理に「煎豆腐」が挙げられており、これらは下層の人々が腹を満たすために買うものだとしている。豆腐が下層階級の料理食材として普及しており、南宋の時代にはかなり大衆化していたことが明らかである。ただし、ほぼ同じ南宋・臨安の飲食店などを描いた周密の『武林旧事』巻六や、南宋の孟元老が北宋の首都・汴京(河南省開封市)の飲食店などを回顧した『東京夢華録』巻二・巻四にも、豆腐が登場しない点は問題として残しておきたい。

あくまでも豆腐が史料的に遡れるのは北宋まではあるが、おそらく豆腐あるいは豆腐的な食品の出現は漢代に遡る可能性があって、それが唐代後半以降になって広まり、以後の文献に登場し始めるのだと思われる。これに関しては、成立時期にやや問題はあるが、新たに興った金元医学の大家・李杲の撰と伝える『食物本草』巻二の豆腐の項に「聖経に見えたり、古より之あるならん」という興味深い割注がある。この聖経が何を指すかは特定できないが、あるいは「古」とは漢代近くまで遡るのかもしれない。いずれにしても、これらの史料は元の時代における豆腐の普及を示すものであるが、さらに明代に至ると、さまざまな文献に盛んに豆腐が登場するようになる。

なかでも豆腐の製法について詳しいのは、これまでにも何度か登場した李時珍の『本草綱目』である。まず材料としては大豆のほかにも、泥豆（らっかせい）・豌豆（えんどう）・緑豆も用いられている。これらの豆を水に浸し磨り潰して、これから抽出した豆乳を煮て、塩鹹汁や山礬葉（みょうばん）・酸漿（ほおずき）などを加えるか、あるいはこれを入れた甕に石膏（硫酸カルシウム）を入れると豆腐が出来上がるとしている。大豆以外の材料については、この製法で凝固するかどうか不明だが、あるいは別の形で凝固させた豆腐的な食品も考案されていたのかもしれない。ちなみに同書「乳腐」の項では、これを「乳餅」とも称するとして、牛乳を絹で濾して釜に入れ煎じて錯（酢酸の誤カ）を点入して作るとし、「豆腐の法の如し」と表現しているが、むしろ豆腐が乳腐の作り方を模したとすべきだろう。

　さらに明代には、本草書以外にも各種の文献に、豆腐の記事が頻出するようになる。いずれにしても考古資料と文献史料から推測を重ねれば、豆腐あるいは豆腐的な食品の発明は、紀元前の漢代であった可能性も考えられるが、漢民族の間にも広がりをみせたのは唐代後半から宋代にかけてのこととしてよいだろう。そして豆腐が一般化したのは、おそらく九世紀頃のことと考えられる。そもそも大豆栽培の歴史は、少なくとも数千年以上も前にまで遡り、優秀な植物性食料として利用されてきたが、そこから豆乳としてタンパク質を抽出し、これを凝固させて独自の風味と舌触りをもつ食品とするまでには、かなりの長い時間を要した。そして、これには遊牧民の乳文化が関与している可能性が高いと思われる。

中国からアジアへ

豆腐が中国起源であることに疑いはないが、広く東アジアを中心とした地域にも伝わり、各地でも広く食されるようになった。ただ伝播の過程で、微妙な変容も起きている。まず製法については、先に『本草綱目』でみたように、中国の豆腐は生で豆乳を抽出してから、これを加熱し凝固剤を投入する生搾り法が主流で、この方式は広く東アジアに分布しており、豆腐製造の古い形を伝えるものと考えられる。

ただ中国では主に北部地域に生搾り法が広く分布するのに対して、南部には日本と同じ煮取り法を行う地域もある。また凝固剤についても、地域的な相異がみられ、中国北部の木綿豆腐に近い「老豆腐(ラアオ)」では凝固剤にはニガリ(塩化マグネシウム)を用い水分が少ないのに対して、南部の絹ごし豆腐に近い「嫩豆腐(ネエン)」では石膏を使っており水分が多いといった特徴がある。いっぱんに北部の豆腐は堅いが、南部には柔らかいものが多いとされている[市野他:一九八五]。

ところで中国の主流である生搾り法においても、大豆の粉砕や濾過の過程で、水ではなく湯を加える温湯抽出法(おんとうちゅうしゅつほう)を行っている場合がある。先にものべたように生搾り法においてはタンパク質の抽出効率が悪いという欠点がある。このため湯を加えることで、布目の通りを良くし搾り易さをねらったのが、温湯抽出法であった。これは生搾り法が基本であった朝鮮半島でも同じで、一九世紀になって温湯抽出法が採用されていることが知られている。そして日本においても、先にみた山口県祝島(二二頁参照)のほか、奈良県や高知県の山間部と対馬および鹿児島県の離島地域には温湯抽出法が伝えられており、豆腐製造法としては、基本的に生搾り法から温湯抽出法が考案され、その後に煮取り法へと移行したと考えられている[市野他：一九八五]。

すでに『本朝食鑑』『和漢三才図会』では、ともに豆乳を搾る前に煮沸するとしており、とくに日本では、一七世紀末から一八世紀初頭において煮取り法が一般的であったことが窺われる。ただ日本でも、先の温湯抽出法を行っていた地域以外でも、石川県珠洲・白峰・熊本県泉などで生搾り法が行われていた[市野他：一九八五]。とくに沖縄では生搾り法が一般的であったが、これについては第9章で改めて論じたい。

さらに豆乳抽出法については、台湾では主に、戦前から住んでいた本省人が煮取り法であるのに対して、戦後に入ってきた外省人は生搾り法を行っているという[林：二〇〇七]。またベトナムでは、割った大豆を浸漬し、これを水とともに搾る生搾り法が採られている。ただ凝固剤にはニガリや石膏ではなく、最後の圧縮・成形の際に出る上澄み液の酸性度を高めたものを用いる点に特徴がある[高橋：二〇〇〇]。なおマレーシア・インドネシアの中国系民族の間では、生呉に温水を加えながら布で搾る温湯抽出法が採られている[大久保：一九九二]。基本的に東南アジアでは生搾り法が一般的だといえよう。

また中国では、さまざまなタイプの豆腐(ドウフー)や調理法が考案されてきた。たとえば先にみた老豆腐や嫩豆腐も、基本的には日本の豆腐よりは堅い。また豆乳を温めて味付けした豆漿(ドウジャン)を粥として食するほか、オカラも副食とされるが、家畜の飼料としても利用される。そして湯葉に相当するのが豆腐皮(ドオウピイー)・豆腐衣(ドオウフイー)などと呼ばれ、精進料理の素材となるほか、これからハムに似せた素(スー)火腿(フオトエ)も作られている。なおユシ豆腐は、食感や形状から豆腐花(ドウフファ)・豆腐脳(ドウフナオ)などと称されている。

このほか豆腐干(ドウフーガン)は、堅めに作った豆腐を強く圧縮し、さらに乾燥させて水分を約六〇パーセント程度にまで減らしたもので、揚げ物・炒め物・和え物・煮物その他に使われ、中国では普通の豆腐よりも生産量が多い。これを麺状に切った豆腐干糸(ドウフーガンスー)も利用されている。また油で揚げた油豆腐(ヨウドウフ)や高野豆腐のような凍豆腐(トンドウフ)もあり、沖縄の豆腐餻(とうふよう)のように豆腐を発酵させた腐乳(フールー)（豆腐乳）も好まれている。独特の臭気とテクスチャーがあり、粥に添えたり、饅頭に付けたりして食されている。さらに植物性の発酵液に漬けて風味を付け強い臭いをもつ臭豆腐(チョウドウフ)も、根強い人気がある。これらは、そのままではなく、やや形を変えたり取捨選択されて東アジアへと広がっていった。たとえば、このうち腐乳は沖縄で、豆腐餻として広く受容されているが、泡盛に漬けたりコウジカビ菌の微妙な違いもあって、独自の展開を遂げている。

朝鮮半島も豆腐(トップ)の利用が盛んな地域で、もともと主流は生搾り法でニガリが使われていた。しかし近年では、日本製の豆腐製造機が豆腐工場に盛んに導入されたことから、煮取り法で硫酸カルシウムが用いられるようになった。ただし豆腐の製法については、一六世紀末に秀吉が行った朝鮮侵略の際に、朝鮮から持ち帰ったとするいくつかの伝承が残されている。また生搾り法から煮取り法の変化についても、朝鮮半島に興味深い文献史料があるが、これに関しては改めて考えてみたい(七一頁以下参照)。

　朝鮮半島の豆腐については、普通に豆腐と呼ばれているのが木綿豆腐に近く、小麦粉を付けて焼いたりして食される。これよりも柔らかい軟豆腐(ヨンドゥブ)は、絹ごし豆腐のようなもので、汁物などに用いられるが、ユシ豆腐にあたる純豆腐(スンドゥブ)は鍋料理が広く知られている。また豆乳を米と一緒に炊いた粥(コンムル)や、冷たい塩味の豆乳をかけた麺(コングックス)もある。このほかオカラは飼料用とされるが、肉や野菜と煮込んだオカラ鍋(ビジチゲ)もあり、油揚(ユブ)は詰め物などに用いられるが、これは日本の植民地統治時代に始まったという。ただし絹ごし豆腐・凍み豆腐・焼豆腐やヒロウズ・湯葉・発酵豆腐などは販売されていない。

　こうして豆腐は、中国から朝鮮半島・日本へと伝えられた。もう一つ中国の漢字文化圏に組み込まれたベトナムについては、一〇～一一世紀頃に豆腐が伝えられたとする説もあるが、文献的に豆腐が確認されるのは一八世紀頃のことで、この時期に一般的な広がりをみせたと考えられている[岩間：二〇二二]。ちなみに豆腐をベトナム語ではダウフと呼んでいる。

　このほか東南アジアでは、主に華僑たちが豆腐を広めていった。タイ語でタウフー、ミャンマー語でトーフー、インドネシア語でタフなどと呼ばれており、揚げ物や炒め物・煮物などに用いられるほか、豆腐花と称する濃い甘味液をかけたデザートも好まれている。とくに東アジア・東南アジアの豆腐文化圏においては、植物性タンパク質の多い豆腐が精進料理の食材として重用されており、その伝播に仏教が深く関わってきたという点にも留意すべきだろう。

第3章

日本への伝来と普及

豆腐売の図(『七十一番職人歌合』)(65頁)

豆腐の初見史料

中国における豆腐の出現が、仮に漢代以前であったとしても、それが特殊な食品だったとすれば、日本への伝来も時間がかかったことになろう。また唐代以降だとしても、こうした食べ物については、歴史書など公の文字史料に現れることは少なく、当然ながら六国史などの正史類には登場しない。唐の滅亡後の平安時代に成立した漢和百科全書『倭名類聚抄』は、食品類の記述も充実しているが、豆腐には全く触れていない。一〇世紀前半には、まだ豆腐は日本に伝来していなかったとしてよいだろう。

したがって空海(弘法大師、七七四〜八三五)が唐から、豆腐の技術を伝えたとするのも弘法伝説の一種にすぎない。確実に豆腐が日本の史料上に姿を見せるのは、一二世紀も終わりに近い頃のことで、『中臣祐重記』の寿永二(一一八三)年正月二日条に、「波田御供」として「春近唐符一種・大豆四升六合〈七合升下行〉」とみえるほか、同三年正月二日条にも、同じく「則安〈唐符一種〉」とある。正月二日に行われる春日若宮神社の日供始式の費用を、毎年大和国高市郡波田荘(奈良県高取町)が負担しているのが、豆腐の初見記録である。

この史料は、藤原氏一族の氏神である春日大社の祀官の長で、初代若宮神主を務めた中臣祐房の三男・祐重の日記である。春日社は平城京の守護神として設けられ、やがては大和一国の総鎮守社となって興福寺と深い関係にあった。さらに藤原摂関家の後ろ盾を得て、一二〜一三世紀に全盛を迎え、全国に膨大な荘園を擁するに至った。その摂社である若宮神社は、興福寺衆徒の主導によって保延元(一一三五)年に創建され、若宮御祭を大和一国の祭りとして執り行うようになる。

この記録では豆腐を供している春近や則安がどういう人物なのかが問題となる。彼らを春日社への御供を負担する波田荘の住人とすることも可能かもしれない。しかし荘園の住民とするよりは、おそらく若宮神主を務めて日記を綴った中臣氏の顔見知りの神人か、春日神供を調進する興福寺の社僧だったとすべきだろう。そうした人物のもとに豆腐製造の技術が蓄えられていたと考えられる。

しかも春近の場合は、七合枡で大豆四升六合が若宮神社から下行されており、これで豆腐を作って供えたものと思われる。ちなみに四升六合といっても、七合枡を使用しているから、当時の公定升である延久の宣旨枡で三升強、この宣旨枡は現在の容量の〇・六二七パーセントにすぎないから、一升八合強ほどとなる。この量で豆腐を作ったとすれば、だいたい二〇丁ほどが提供されたことになろう。

これは「御菜十六種」のうちの一つで、ほかには「牛房(ごぼう)・蓮根・海苔・昆布・神馬草(ほんだわら)(海藻）・茎立（くくたち）（アブラナ科の野菜）」などがみえることから、精進料理の一つとして正月の神前に供され、やがて直会（なおらい）参加者の口に入ったものと考えられる。当時、春日若宮神社はもっとも勢力を有する神社の一つで、興福寺と密接な関係にあった。いずれにしても同社の祭祀には、興福寺の社僧が深く関与していることに疑いはない。春日若宮神社の正月記録に、豆腐が初見史料として登場することの背景には、南都七大寺の雄たる興福寺の存在があり、そこに貴重な豆腐製造の技術が蓄えられていたと考えるべきだろう。

後に述べるように、豆腐の史料には大和に関係するものが多く、中世後期には「奈良豆腐」が有名で、京都へも売りに来ていた（六五頁以下参照）。このことは日本における豆腐の発祥地が奈良であることを想定させる。すでに政治や経済の中心は京都に移っていたが、神仏習合思想によって寺社が全盛を極めたことから、当時の奈良は文化的中心都市として栄えていた。とくに仏教寺院は、中国からの知識や技術の受け容れ口であり、豆腐という複雑な工程を要する食品の加工技術も、まずは奈良に移入されたものであろう。

しかも豆腐には、精進としての要素が強く、僧侶たちの食べ物としてふさわしいものであった。基本的には中国で学んだ僧侶が持ち帰ったものか、中国の帰化僧が伝えた技術とするのが妥当だろう。それは中国でも豆腐の文字が登場し始めた宋代のことで、もちろん日本でも珍しく、その製法の伝授は寺社の関係者に限定され、正月という特別な機会に供された点に注目にしておく必要があろう。

豆腐の普及

豆腐が文献上に初めて登場してからほぼ一〇〇年後にあたる弘安三(一二八〇)年の一〇月二四日に再び豆腐が姿を現す。鎌倉新仏教の指導者の一人である日蓮(一二二二～八二)が、この日に記した「上野殿母尼御前返事」という書状に、「送給物の日記の事」のうちとして「すりだうふ」と見える(『日蓮聖人遺文』)。この史料からは、上野殿と呼ばれた駿河国富士上方上野郷(静岡県富士宮市)の地頭で、日蓮宗の強烈な信者の一人であった南条時光の弟・七郎五郎の四十九日の菩提を弔うために、その母にあたる尼御前が、日蓮に送ったお布施に擂(す)り豆腐が含まれていたことがわかる。

この時、日蓮は胃腸系の病気を患って、身延山(山梨県身延町)で療養を続けており、檀越(だんおつ)である各地の在地領主たちから、さまざまな金品の援助を受けていた。そうした贈り物の一つである「すり豆腐」については、高野豆腐の一種かとする注釈もあるが[新間：一九六四]、「つり(吊り)だうふ」か「すみ(凍み)だうふ」とあるならまだしも、冷凍や乾燥を施したものとは思えないし、高野豆腐の登場はその後のことと考えられるから(一二〇頁以下参照)、この推定は成り立つまい。

そもそも上野郷から身延山までは直線距離にして三〇キロメートル弱にすぎず、しかも旧暦一〇月二四日のことで、新暦では一一月頃にあたるから、単に擂った豆腐を徒歩で運んだとしても問題はない。これと同様に日蓮は、忠実な檀越からの贈答品に対して、しばしば返礼の書簡を遣わしており、その多くが現存している。一通に複数の品目が記載されているが、これら食品ごとに名が記載されたものを、一品一項目として集計すると二三六件に及ぶ。もっとも多いのが米・麦もしくはその加工品で、これにさまざまな野菜と芋類が続くが、藻類や一部の野生植物を除けば、基本的には農産物であり、これに若干の加工品や調味料が添えられている。ただし大豆からの加工品である豆腐は、この書状一例のみである［原田：二〇〇〇］。

ただし、この書状の存在は、僧房ではなく明らかに地方の村レベルで、豆腐が作られていたことを示している。この史料からだけでは、豆腐の製造技術が広く地方に普及していたとは断言できない。しかし日蓮の檀越たちは、幕府に直接関係するような上級武士ではなく、基本的に地方の在地領主や有力農民がほとんどであったから、地方の中級クラスの武士たちの間に豆腐の製造技術が広がっていたことに間違いはない。

こうして徐々に豆腐の関係史料は増え始め、『中臣祐春記』弘安六（一二八三）年一〇月一三日条には、春日若宮神社飯室本座での重い物忌つまり精進の時に進ぜられた「酒肴一種」のうちに「シセム（慈仙）一ハコ」と見える。慈仙は東大寺などでの寺言葉で豆腐を指す［野村：一九四二〕。さらに同書には、弘安八（一二八五）年一〇月二五日条に、同じく飯室新座での重服の酒肴に「シセム一種」とみえるほか、正応二（一二八九）年二月二四日に開かれた酒宴の「酒肴一具」としても「シセム一ハコ」とある。この時代になると、奈良の春日若宮神社でも恒例の正月神供以外にもしばしば豆腐が作られ、酒肴の一つとなっていたことが窺われる。こうして平安末期に初めて史料上に登場した豆腐が、一〇〇年ほど経った一三世紀後半の鎌倉期には、徐々に社会的にも浸透し始め、東国社会の村々にまでもおよびつつあったと考えてよいだろう。

そして、この時期になると、日本の本草書にも豆腐が登場する。弘安七（一二八四）年一〇月の自序を有する宮廷医・惟宗具俊（これむねともとし）の『本草色葉抄』不（ふ）の部米穀の項に、「腐豆」とあり、「タウフ」と訓がある。これには元祐五（一〇九〇）年頃の完成とされる唐慎微（とうしんび）編『経史証類大観本草』（『証類本草』）大豆の項から引いたという割注「腐に作れば則ち寒にして気を動ず」が付されている。具俊は引用に正確さを期すため「腐」に豆の文字を加えて「腐豆」としたが、これを豆腐だと判断して訓を付したことになる。平安末期に史料上に登場した豆腐は、鎌倉期の僧侶や貴族など知識人の間には、その知識が共有されるようになったことが窺われる。

ただし豆腐は、平安末期に移入されていたにもかかわらず、鎌倉期の『厨事類記』や『世俗立要集』といった体系的な料理書や、室町期の『四条流庖丁書』あるいは『武家調味故実』などといった各庖丁流派の奥儀を記した料理書には登場しない。ただ『大草家料理書』にだけは、

「うどん料理・あん豆腐」などの料理法が登場するが、同書については、その記載内容から近世の成立と考えられている〔川上：一九七八〕。従って中世の料理書には豆腐の記載がなかったことになる。さらに寛永三(一六二六)年九月六日に徳川家光による近世最大の饗宴内容を記した「後水尾天皇二条城行幸式御献立次第」にも豆腐は見当たらない。

どうやら中世の正式な料理の世界において、まだ豆腐は食材としての市民権を得てはいなかったと判断される。それまでの本膳料理は、儀式料理としての性格が強く、食膳を飾り立てることに主眼がおかれていたことから、豆腐にはその役割が与えられなかったものと思われる。次にみる精進料理を除けば、戦国期の懐石料理や元禄期以降の大名茶会の料理において(一〇七・一一一頁参照)、やっと豆腐はもてなし料理の食材として扱われ始めるのである。

豆腐と精進料理

鎌倉期における豆腐の普及は、精進料理の発達と無関係ではありえない。まず豆腐の初見が春日社史料で、興福寺の社僧との関係が深く、神前への精進料理として供された点に留意する必要がある。複雑な工程を必要とする豆腐の技術が寺院関係者に伝えられていたことになる。原則的に肉食を禁じられた僧侶たちにとって、タンパク質の含有量の高い大豆は貴重な食材であった。そして大豆の加工食品である味噌などの醸造技術とともに寺院に蓄えられていた。それが後の室町期に、日本独自の醤油という発酵調味料の発明に繋がるところとなった。

いずれにしても大豆の特徴を活かすことに僧侶たちの工夫があったが、とくに豆腐が精進料理に果たした役割は大きかった。そもそも鎌倉期における精進料理の受容は、日本料理における一種の革命でもあった。それまでは、平安期貴族の宴会に供される大饗(だいきょう)料理にみられるように、食材である生物や干物を切って並べただけで、これを手前の四種器と呼ばれる小皿に盛られた塩や酢や醤といった調味料によって、自ら味付けして食べるというのが料理の基本であった[原田：二〇〇五・二〇二二]。ところが中国の禅林で発達した精進料理は、食材を煮たり揚げたりするなどの味付けをし、料理として提供するところに特徴がある。すなわち今日でいう調理の概念が精進料理によって成立したことになる。

とくに精進料理は、小麦や大豆などの穀類を粉砕して、味付けしつつ形を整える技法、つまり粉食技術に拠っている。豆腐も湿式ではあるが、粉食の一種で僧侶たちの得意とするもので栄養素が高く、肉食を禁じられた彼らに不可欠なものとされた。ゴマやカヤ(榧)の油さらには味噌などの発酵調味料を巧みに利用して、淡泊な豆腐に濃厚な味付けを施した。こうすることで植物性食品を動物性食品の味に限りなく近づけたのである。

南北朝後期から室町初期の一四世紀末頃の成立とされる『庭訓往来(ていきんおうらい)』一〇月返に、調菜人つまり精進の調理人が作る点心として「鼈羹(べっかん)・猪羹(ちょかん)・驢腸羹(ちょうろかん)」のほか「羊羹・海老羹・白魚羹」、菜として「平茸の雁煎・鴨煎」などがみえる。まさに動物食にみせた動物もどきの食品であり、「もどき」という点に精進料理の技術的特質がある。もっとも象徴的なものとして豆腐を用いたガンモドキがあるが、これは後に述べるように、南蛮料理のヒリョウズの応用であり、近世に入ってからの料理にすぎない（一一三頁以下参照）。

また動物名を付した羹（あつもの）類の食材にも、大豆や豆腐が用いられた可能性は高い。やがて仏教の社会的浸透に伴い、僧侶のみならず信者たちの間でも、法会（ほうえ）や物忌（ものいみ）など潔斎の際には、動物性食品が避けられるようになった。ただ「もどき」と称されたことからも窺われるように、基本的には動物性食品に旨みを感じてはいたが、やはり社会的な価値観としては精進の方が高かった。一五世紀前半頃の成立で、一条兼良の作とされる『精進魚類物語』は、納豆太郎糸重を中心とした精進軍と鮭大介率いる魚類軍との戦いを描いた戯作で、植物性食品と動物性食品とが擬人化されている。この戦で勝利するのは精進軍で、主人公の納豆太郎は「すり豆腐権の守」に仕えたとされ、豆腐が精進の頂点に位置したことを暗示している。

その後、一五世紀末から一六世紀初頭頃の『新撰類聚往来』上、正法院侍衣禅師宛の一一月七日付書状にも、調菜方として「豆腐」が記載されている。また永享八（一四三六）年一二月日の妙超百年忌銭下行帳（「真珠庵文書八」）に「肆（四）百文　豆腐〈時（斎）に至りての菜〉」などとあり、大徳寺開山大燈国司の百回忌の正式な斎の食事の菜として豆腐が用いられていたことがわかる。

なお同寺での精進料理の内容については、永正七(一五一〇)年三月の宗純三十三回忌食膳注文(「真珠庵文書一」)に大徳寺で営まれた一休の法会における際の献立が留められており、芋や昆布やセリなどとともに「焼豆腐・丸湯波」が見える。

このほかには中世の精進料理の献立内容がわかる史料はほとんど存在しない。ところが近世に入ると、精進料理の専門書が出版されるようになる。たとえば元禄一〇(一六九七)年に大坂で刊行された『和漢精進料理抄』には、豆腐を用いた精進料理が紹介されている。和では汁や筍羹(しゅんかん)(煮物)の具材として多用されており、漢では煮菜に煎豆腐・豆腐巻・捽(つかみ)(摑)豆腐など、生菜にも豆腐乳(とうふよう)・豆腐干などの料理が並ぶ。ちなみに漢では三四種類のうち一三品に、和では汁と筍羹に限れば一六二種類のうち五六品に豆腐が使われている。後に「精進の料理豆腐の七変化」(「柳多留五〇」二六)と詠われたように、精進料理において豆腐はきわめて重要な位置を占めていたのである。

村の豆腐と豆腐屋

これまでみてきたように、平安期から鎌倉初期において豆腐は、僧侶や貴族など上層クラスの食品であったが、鎌倉後期には日蓮信者の在地武士クラスにまで浸透していた。しかし村人の間にまで普及するには、まだしばらくの時間を要した。

南北朝の動乱(一三三六〜九二)は、単なる内乱ではなく、日本社会から古代的なものを払拭し、中小武士や農民層たちの成長を促すという一大変革をもたらした。この南北朝期を過ぎると、村が政治的にも経済的にも充実し、社会の基底を支える重要な組織として機能するようになった。荘園や郷村を単位として、いわゆる惣的結合と呼ばれる村落組織が生まれ、これを上層農民たちが指導的に運営するようになって、村の生活自体も豊かさをましていった。

こうした動向は、すでに一二世紀後半の鎌倉後期以降から史料上に現れはじめ、各地の荘園では、村々の農民たちが連名で百姓申状を作成し、領主に年貢減免などの要求を突きつけるようになった。また近江国蒲生郡奥島荘(滋賀県近江八幡市)では、弘安六(一二八三)年六月一五日の神主職規文(「大嶋神社・奥津嶋神社文書(一二)」)によれば、村の神事に関する規定が村人の話し合いで定められ、祭礼には鮨や魚や酒などが用意されていた。しかし村レベルの酒宴に豆腐が登場するのは、やはり南北朝期頃のこととなる。

たとえば建武二(一三三五)年二月九日の備中国新見荘東方地頭方損亡検見并納帳(「東寺百合文書ク函」)によれば、同元年正月二日の百姓節会(せちえ)用の「唐布料」として大豆三斗が山畑の年貢から免除されている。正月の百姓節会とは、農民たちの労働の節目となる正月の予祝行事などで、こうした場に荘園領主側が神酒などを下行(げぎょう)するのが恒例となっていた[原田:二〇二〇]。新見荘(岡山県新見市)では、税の免除という形で下行された大豆を用いて農民たちが豆腐を作り、正月節会に食していたことが知られる。

さらに同荘は山陰と山陽を繋ぐ要衝にあたり、南北朝期頃には荘内高梁川の河川敷に三日市場が立っていた。応永九（一四〇二）年七月二四日の備中国新見荘領家方所下帳（「教王護国寺文書三」）は、荘園領主・東寺の代官が作成した支出帳簿で、酒や豆腐などの買物値段を記しているが、このうち「廿二文　同日（一一月一四日）　いちハにて　たうふ・こうお」とみえる。つまり現地支配を担当する代官が、農民の作った豆腐や小魚を新見荘の市場で購入し、酒宴などの場で食していたことになる［熊倉：二〇〇二］。

このほか永享二（一四三〇）年の大検注下用帳（「王子神社文書」）によれば、四月二二日から粉河荘東村（和歌山県紀の川市東野）で荘園領主・粉河寺による大検注（土地調査）が始まったが、その村レベルでの必要経費を記した帳簿に、「五十文　とうふ二」などと見え、これに伴って開かれた酒宴の肴として豆腐が盛んに供されていたことが知られる。この豆腐の調達先については、長享二（一四八八）年六月一八日の紀伊国粉河寺六月会頭日記（「王子神社文書」）に、同寺六所宮の六月祭礼に参加した東野村の村人負担のうちに「百文　唐符屋」とあることから、同村に豆腐屋が存在していたことがわかる。

こうして上層農民たちの間から、豆腐を販売して豆腐屋と呼ばれる者が出現するようになる。たとえば戦国期のものと推定される福井県三方郡の国中惣百姓触状（「大音文書」）には、「御方郡豆腐屋」が西方(大飯郡)と中郡(遠敷郡)の農民とともに、若狭国の惣百姓の代表者の一人として名を連ねている。この豆腐屋は、かなりの有力農民であったとすべきだろう。

このほか惣的結合を遂げた今堀郷(滋賀県東近江市)に残る戦国期の『今堀日吉神社文書』にも、豆腐や豆腐屋の記事がしばしば登場するようになる。また湖上交通の要衝で浄土真宗の拠点でもあった堅田(滋賀県大津市)の『本福寺門徒記』にも、有力門徒として「新在家タウフヤ」の一族がみえる。こうした豆腐屋は、いずれも村落上層の農民で石臼などを所有し(六七－七〇頁参照)、農業の傍ら豆腐を作って手広く販売していたものと思われる。中世も南北朝期を過ぎると、村の中心となる人々は豆腐を作ったり購入したりして、物日などに食するようになっていたのである。

なお関東の事例としては、文明一六(一四八四)年八月のものと推定される鏡心日記(『金沢文庫古文書』六九四八号)二一日条に、金沢称名寺(神奈川県横浜市金沢区)の御影供での六四人分の食事費用のうちに「豆腐七帖廿四文」と見える。同寺は、金沢北条氏の菩提寺であったが、この頃には所領がかなり減少し、裕福な寺院の面影は薄れていた。しかしそこでの儀式にも豆腐は必要で、これを購入するための豆腐屋が、称名寺の周辺にも存在していたことが窺われる。

都の豆腐と貴族

もちろん都市においても豆腐は食されていた。やはり南北朝期の『社家記録　二』貞和六（一三五〇）年正月一一日条に、「毛立〈芋、タウフ〉」とあり、京都八坂神社で宰相律師が用意し、祇園社執行・宝寿院顕詮がともにした酒宴の吸い物あるいは羹の具材に、豆腐が用いられていたことがわかる。豆腐は高級な貴族や社僧の口にも入っていたのである。

その後、永享元（一四二九）年一〇月一日付の高倉永藤が大外記・中原師郷に宛てた書状（『師郷記　二』）に「たうふ進せ候、御賞翫候はば、喜び存じ候」とあり、高級貴族にとっても豆腐は賞翫に価し喜ばれるような食品だったのである。さらに応永二七（一四二〇）年に成立した故実書『海人藻芥』には、「豆腐ハカベ」とみえ、女房言葉でオカベと称されていた。実際に准三宮にまで昇りつめた公家・近衛政家の『後法興院記　一』文明一一（一四七九）年三月二五日条には「白壁二合」とみえ、宮中や貴族たちの間で食されていたことが窺われる。

こうした豆腐については、一六世紀初頭の『七十一番職人歌合』三七番の左右に「豆腐売・素麵売」が登場し、「故郷はかべのとだえに奈良豆腐白きは月のそむけざりけり」と「恋すれば苦しかりけり宇治豆腐まめ人の名をいかでとらまし」の二首が左の豆腐売に採られており、豆腐売の図には「豆腐召せ奈良よりのぼりて候」の添書きがある（章扉図版参照）。また『蔭凉軒日録　四』延徳二（一四九〇）年九月一四日条にも、相国寺鹿苑院の蔭凉軒主が「奈良豆腐一箱」を送られた旨がみえる。当時、奈良と宇治の豆腐が有名で、京都へも販売しに来ていたことがわかる。とくに奈良は、豆腐を伝えたと考えられるような大寺院が多く、初見史料が現れる地でもあり、豆腐の本場としての技術的な伝統が蓄えられ、京都の人々にも好まれていたことが知られる(五四頁参照)。

このほか室町・戦国期には『鹿苑日録』や『蔗軒日録』といった相国寺・東福寺の寺僧の日記や、山科家の家司が記した『山科家礼記』一・二・四にも豆腐の記事が登場する。さらに『言経卿記』にも頻出し、筆者の正二位権中納言・山科言経は豆腐好きだったらしく、豆腐屋に家を貸し昵懇にしていた。たとえば天正一四(一五八六)年正月六日条では、喧嘩で傷を負った「豆腐屋九郎右衛門」に薬を遣わしており、翌一五年五月六日条などでも豆腐屋の妻に疱瘡の薬を与えている。もちろん豆腐をしばしば食し、同一四年一二月二八日・翌一五年一二月七日や翌々一六年正月一六日以下の各条に「湯豆腐一盞」「豆腐・酒等振舞」などと記されている。こうした都市における豆腐屋の存在が、貴族や町衆の食生活に、新たなバリエーションを加えていたのである。

この時代の貴族たちは、一六世紀中期の落書(『新撰狂歌集』雑)に「痩公家の、麦飯だにもくひかねて」と嘲笑されるほど経済的には窮乏していたが[川嶋：一九七六]、相変わらず酒宴に明け暮れ、湯豆腐などを肴に酒を楽しんでいた。また連歌師の宗長も、永正六(一五〇九)年一〇月二四日に下総国市川付近の善養寺(東京都葛飾区東小岩)を訪れ、蘆で焼いた豆腐を肴に一献を傾けて、その興には都での酒も及ばないと『東路のつと』に記している。こうして中世後期に豆腐は、広く宮中の殿上人から連歌師はもちろん村人たちまでの間で、好んで食されるようになっていたのである。

豆腐と石臼

ところで豆腐の発達は、石製摺臼(磑臼:以下、石臼と略記)の普及と密接な関係にある[三輪:一九七八・一九八七]。臼に関する研究史には不充分なところが多いが、中世の豆腐を考えるには不可欠な問題なので触れておきたい。そもそも豆腐作りには、浸漬させた大豆から豆乳を搾るために石臼が使われている。

しかし、杵臼や摺鉢で砕いたりすり潰したりした大豆でも、これを布で濾せば豆乳は得られ、豆腐造りは可能であった。ただし、その歩留まり率は低く、効率はきわめて悪い。それゆえ豆腐を商売とするためには、どうしても摺臼が必要となる。摺臼のなかでも石臼が最適であるが、石臼の伝来は、『日本書紀』推古天皇一八(六一〇)年三月条に、高麗の僧・曇徴が「碾磑」をもたらし、その製作を始めた旨がみえる。しかし、これは厚臼と呼ばれる大がかりなもので、一般的な石臼の普及にはかなりの時間を要した。これが一般に広まるのは、中世も南北朝期以降のことである。

摺臼の代替ともなる摺鉢は、すでに須恵器導入以降に用いられたと考えられるが、摺鉢自体の遺物は一一世紀末から一二世紀初頭から出現し始める。さらに竪杵と木製の臼であれば、すでに稲作が始まった弥生時代から利用され続けてきているし、近世になると横杵が登場する。ただし木製の摺臼は、湿式も含めた粉食のためよりも、脱穀のために必要とされたもので、中世から広く用いられてきた。

たとえば応永三二(一四二五)年四月二八日の山城国上野荘検封家屋雑具注文(「教王護国寺文書四」)に、農民兵衛二郎が所有した家財道具が記されており、このうちに「するうす」や「みそのをけ」が見える。また宝徳二(一四五〇)年一一月二四日の太良荘百姓泉大夫財物注文(「東寺百合文書 ハ函」二三九)にも、泉大夫の財物として「すりうす一」「桶六〈大小〉」などとあり、彼らが摺臼を所持して味噌などの大豆加工品を作っていたことが窺われる。

これに関しては、すでに一三世紀に成立した『北野天神縁起』に摺臼を運んでいる庶民が描かれており、胴長な下臼を背負っているところから、これが木臼であることに間違いはあるまい。ところが一四世紀中期の成立とされる『神道集』巻六の三三話には、後に三島大明神として祀られることになる老夫婦が、それぞれ女臼・夫臼に縛り付けられたという国司の館での話がある。館からすぐに臼を取り出したなどという話の筋書きからして、これが石臼で国司クラスの武士の所有であったことが知られる。つまり中世においては、石製摺臼は高級品で村レベルへの普及は遅れていたとすべきだろう。
近世前期の絵入り百科事典『和漢三才図会』には、石臼を「磨〈ひきうす〉」として紹介しており、その前に「礲〈すりうす〉」の項があり(左図版参照)、ともに広く用いられたことが窺われる。この礲は、いわゆる土臼で、竹を編んだ外枠のなかに土を詰め込んで歯を付けたものである。これであれば村レベルの農民でも所有は可能であるが、その導入は近世初頭のこととされている。しかも、この土臼は水に弱く豆乳の抽出には適さない。

　ただ木臼であっても、ケヤキ材であれば耐水性が高く、豆腐作りは可能であったことになる。おそらく戦国期以前の豆腐屋は、

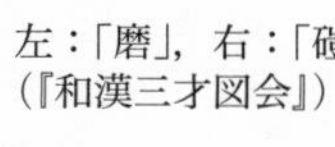
左：「磨」，右：「礲」
(『和漢三才図会』)

木製の摺臼が中心であったが、徐々に石製の磨臼が用いられるようになってくる。やがて一七世紀後半の『百姓伝記』に「石うすは土民所帯道具のうち、第一重宝なるものなり」と記されたように、近世に入ると石臼の普及は著しいものとなる［原田：二〇〇六］。おそらく木臼から石臼への変化が、次章以下でみるような豆腐の庶民化を促したと考えられる。

朝鮮半島からの伝来説

これまで本章でみてきたように、豆腐はすでに平安末期に中国から僧侶たちによってもたらされ、鎌倉期には地方へと伝わり、室町・戦国期になると、地方の村々に豆腐屋が存在していたことに間違いはない。にもかかわらず豆腐の伝来に関しては、なぜか秀吉の朝鮮出兵の際に、朝鮮から移入されたという説があるので触れておきたい。

嘉永三(一八五〇)年に西沢一鳳(いっぽう)が著した江戸見聞録『皇都午睡(こうとごすい)(みやこのひるね)』初編下「饂飩豆腐」の項に、「豆腐は太閤秀吉公朝鮮征伐の時、生捕し朝鮮人の教へし物也」として淮南王が初めて製した旨を記している。また天保五(一八三四)年に刊行された江戸木屑庵成貨(もくせつあんせいか)の考証随筆『虚南留別志(うそなるべし)』下巻「豆腐類変名」では、秀吉の朝鮮出兵の時に、兵粮奉行であった岡部治部右衛門が「豆腐の製しかたを箇(か)のくにより覚へ来り、日本にてはじめて是を作り給う。此ゆへに豆腐をおかべといひ、またじぶどうふなどともいふか」としている。「おかべ」は明らかに女房言葉であるし(六五頁参照)、金沢の郷土料理の治部煮と結びつけるなど問題は多いが、豆腐が朝鮮から伝来したとする説はいくつかある。

さらに地方のものとしては、明治一〇(一八七七)年に完成した松野尾章行の土佐国地誌『皆山集』第九巻「豆腐」に、「豆腐伝来」「唐人町秋月ノ事」の項がある。ここでは或書に云うとして「当国旧くは豆腐無し」とし文禄年間に長宗我部元親が連れ帰った朝鮮国虜人に慶州秋月の城主・朴好仁という大将がおり、山内一豊が彼らを秋月という唐人町に住まわせたが、ここで初めて豆腐造りが行われたという故事を伝えている。

なお蘭嶋道人平煥が文化一二(一八一五)年に完成させた上蒲刈島・下蒲刈島(広島県呉市)の地誌『蒲刈志』は、「豆腐之始、扶桑豆腐を製し出せしこと当地より初りぬ。昔し朝鮮人来朝の砌、当地において饗応せらる。其せつ切支丹宗従来て法をひろむ時に豆腐を製することを伝ふ(中略)仍て伝来して周く日本に製するよし」を尼崎の魚問屋天屋某という人物が当地の甚助なる者に語ったとし、「当地は朝鮮人饗応の地なれは然ることもあるべし」としている。ここでは秀吉の朝鮮出兵ではなく朝鮮通信使に従って来朝した切支丹による伝来とされており、複雑な豆腐の製法を切支丹が使うような不思議な術と認識していたことが窺われる。

これらの説に従えば、いずれも近世初頭以前には日本に豆腐が存在していなかったことになる。この伝承は、近世に朝鮮半島から新たな豆腐技術として煮取り法が伝えられたことを意味するとも考えられる。しかし先にも述べたように〔四六・四七頁参照〕、生搾り法から温湯抽出法を経て煮取り法が成立したとされている。朝鮮半島では一九世紀になって温湯抽出法が採用されたのに対し［市野他：一九八五］、日本ではすでに一七世紀末から一八世紀初頭において煮取り法が一般的であったから〔四七頁参照〕、技術面に限定したとしても、朝鮮半島からの伝来説は成り立たない。

こうした朝鮮半島からの豆腐伝来説は、いずれも近世後期に登場する点が注目される。これは鎖国という閉じられた状況下で形成された日本的華夷思想、つまり日本こそが中朝＝中華だとする世界観が広まったためだろう。おそらく秀吉の朝鮮出兵に際して、連れてこられた陶工たちによって磁器の生産が根付いたとする話を承けたものと推測される。こうして近世後期に至って、かつての中華＝中国説を否定するかのように、中国からではなく、日本が攻め入った朝鮮から伝来したという説が生まれたものと思われる。

第4章

豆腐と庶民

「祇園二軒茶屋」の図(『拾遺都名所図会』巻二)(82頁)

豆腐の禁止と浸透

これまでみてきたように、中世においても豆腐は村々でも楽しまれていたが、それは村落上層の人々のことで、まだ万人が楽しむというレベルにまでは至ってはいなかった。あくまでも近世初頭において、豆腐は贅沢品であり、一般の農民に対しては食用とすることが禁じられていた。秀吉の兵農分離を中心とする政策を継承した江戸幕府は、都市に武士や商人・職人を集めて村落を農民だけの行政村とし、その生活にもさまざまな規制を加え、衣食住という日常レベルにおいても厳しい制限を課していた。

こうした法令は近世を通じて繰り返されるが、なかでも前期の幕府の農政確立期に集中し、中期以降には享保・寛政・天保の三大改革時に同様の質素・倹約令が繰り返された。とくに前期には豆腐も贅沢の対象とされ、寛永一九(一六四二)年五月二六日の覚に、「当年は豆腐仕る間敷き事」とみえるほか、同年八月一〇日の覚(『近世農政史料集　一』)には次のようにある。

一、在々にてうとん・切麦・素麺・そば切・餅・まん頭・豆腐、其外何にても五穀の費に成り候もの、むさと致し商売仕る間敷く候。

さらに翌二〇年の三月一一日の土民仕置覚と八月二六日の郷村御触にも、ほぼ同様の条文が存在する(『近世農政史料集　一・二』)。ただし、その後、同様な食物に対する倹約令は、このほか幕末まで一二回出ているが〔原田：一九九〇〕、豆腐を禁止の対象としたのは、この二年間の計四回のみである。これには経済的・政治的にみても複雑な背景があるが、そこに当時の豆腐がおかれた微妙な位置も示されているので、少し検討してみよう。

寛永一九年は、前年から続く各地での豪雨と炎天の頻発による天候不順で、大規模な凶作に陥り、翌二〇年にかけて未曽有の大飢饉となった。さすがに幕府も、異常事態を認識し、餓死者が多出することを恐れて、各大名や旗本にも飢饉対策を命じるとともに、臨時に飢饉奉行とでもいうべき対策班を設けて、蔵米の確保と米価対策のほか、都市部に流入する乞食や飢人の人返しを命じたほどであった〔藤田：一九八二・一九八三〕。そうした流れのなかで、豆腐の禁令が出されたわけであるが、いずれの法令にも、百姓は雑穀を用い米を多く食べぬように、という一条が伴っている。

ここでは「五穀の費」とあるのが問題で、豆腐のみならず饂飩などの麺類や餅・饅頭といった粉食を、無駄の多い贅沢品として禁じたのである。もちろん豆腐の材料である大豆は、畑作物のうちでも麦に次いで重要な意義を持ち、近世初頭には実際に年貢としても徴収されていた。

大豆自体は、定畑のみならず水田の畦や焼畑などでも栽培が可能で、広く作られ食用とされていた。しかし前章で指摘したように、豆腐は村々での酒宴などに用いられてはいたが、あくまでも特別な日のご馳走で、まだ各家などで自由に作られるまでには至っていなかったとすべきだろう。近世初頭においては、粉食自体が贅沢とされていたのである。

しかし近世には、先にみたような石臼の普及、さらにはこれに水車などの動力が利用されるようになって、粉食が社会的な浸透をみた[原田：二〇〇六]。このため蕎麦や饂飩あるいは和菓子が庶民に親しまれるようになり、豆腐の人気も高まった。これに応じて各地に豆腐屋が生まれ、豆腐は安くてうまい食材として、以下にみていくように、庶民に身近な存在となっていくのである。これを如実に示すのが、やや時代は下るが、文化九(一八一二)年刊の『万代狂歌集』に収められ、広く知られた狂歌師・頭光(つむり)の「ほとゝぎす自由自在に聞く里ハ酒屋へ三里豆腐屋へ二里」であろう。そのまま読めば、酒屋よりも豆腐屋の方が多かったことになる。もっともこれには本歌ともいうべき文章がある。安永五(一七七六)年に書かれた蕪村の「洛東芭蕉菴再興記」で、京都一乗寺村の金福寺について「豆腐売る小家もちかく、酒を沽(か)ふ肆(みせ)も遠きにあらず」と記している。いずれにせよ近世後期には、ほとんどの町や村に豆腐屋があり、豆腐の入手はかなり容易なものとなっていたことに疑いはない。

豆腐料理の人気

近世初頭の豆腐人気についてみれば、すでに慶長八(一六〇三)年に刊行された『日葡辞書』には、さまざまな豆腐が登場する。この辞書は、日本イエズス会が長崎のコレジオで出版したものであるが、これは徳川家康が征夷大将軍に任ぜられ、江戸幕府を開いた年のことで、内容は戦国末期の状況を反映している。全く異なる食文化を有する外国人に多くの関連項目を設けさせるほど、豆腐が常用されていたことが窺われる。

まずTôfu(タゥフ＝豆腐)の項では「食物の一種。大豆を碾いて生チーズのような格好に作るもの」と説明するほか、女房言葉の壁、豆腐などの数え方として一丁、干し豆腐としての六条、加工品としての油揚といった関連項目が設けられている。さらに料理としては、炙豆腐「(豆腐)を切って火であぶったもの」・田楽「味噌をつけ、串に刺して焙った豆腐」・饂飩豆腐「饂飩のように作って、食品として調理した豆腐」・湯豆腐「薄い豆腐で作り、ある種の掛け汁を添えた食物」とする説明がそれぞれ並ぶ。さらに「豆腐屋」の項目が存在することは、宣教師たちが訪れた都市部において、恒常的に豆腐が供給されており、その需要が高かったことが知られる。

こうした豆腐の料理のうちでも、もっとも人気の高かったのは田楽で、すでに室町期には、貴人や僧侶のみならず武家にも好まれていた。『蔭涼軒日録』永享九(一四三七)年七月五日条に、

左：「豆腐師」巻六職之部，右：「焼豆腐師」
巻四商人部(『人倫訓蒙図彙』)

精進日ごとに「田楽豆腐」を将軍家へ献ずるよう命じられた記事がある。また『蔗軒日録』文明一八(一四八六)年一一月二三日条など、この時期の公家や僧侶の日記類には田楽豆腐がしばしば登場する。

ちなみに時代は下がるが、宮中における田楽の事例としては、文久二(一八六二)年刊の暁鐘成著『雲錦随筆』巻二に、以下のような記事がある。毎年一二月一三日の宮中御煤払いには、祝として下々の者にまで熱壁が土器に入れて振る舞われた。これは大釜で湯煮した白豆腐に白味噌餡をかけたものであるが、天皇だけは青竹にさした田楽を召し上がるという。この時に、下々の者は役人から手渡された切手を持って、土器方、豆腐方、味噌方の順で回って貰い、銘々休憩所で食すとしている。まさに年末の区切りの時期に、天皇から庶民まで、豆腐田楽による共食が行われていた点が興味深い。

さらに近世初頭以来、もっとも人気の高かった京都の祇園豆腐も一種の豆腐田楽であったが、これについては後述したい（八一頁以下参照）。さらに元禄三（一六九〇）年刊の風俗事典ともいうべき『人倫訓蒙図彙（じんりんきんもうずい）』には、「豆腐師」が巻六職之部に「職人の内、朝起の随一也」として油揚を売る店もあるとしている。そして巻四商人部には「焼豆腐師」があり、市場や寺社・祭礼の場に「所詮人のあつまる所にみせをかまへず、といふ事なし。酒肴は付合なり」として、その場で食べさせている（右頁図版参照）。

これも明らかに豆腐田楽で、各地で味わえるもっともポピュラーな豆腐料理であった。たとえば東海道では、草津宿に近い目川立場（めかわたてば）（滋賀県栗東市）や御油宿（ごゆじゅく）（愛知県豊川市）などの菜飯（なめし）田楽も名物とされた。ちなみに『続江戸砂子（すなご）』によれば、浅草雷神門広小路には目川菜飯を提供する店が出現するなど、庶民の間に田楽人気は高かった。

基本的に豆腐田楽は、串にさした豆腐に山椒味噌などを塗って焼いたもので、平安期以来の芸能である田楽法師に形が似ていることに、その名称が由来する。これを端的に物語る一八世紀末の川柳に「でんがくハむかしハ目て見今ハ喰ひ」がある（『誹風　柳多留拾遺』上）。庶民の生活を題材とした川柳には、豆腐よりも田楽の句の方が多く、豆腐といえば田楽として親しまれたことが窺われる。

日本で最初に出版された料理書である寛永二〇(一六四三)年刊の『料理物語』には、豆腐の料理として、田楽のほかに汁を最初に挙げており、この二つが主流であったことが知られる。このほか「とうふ玉子」は、擂った豆腐にクチナシで色を染め、葛粉を加えてさっと煮立たせた料理であり、「伊勢豆腐」は、ヤマイモの摺り下ろしに鯛のかき身と玉子の白身を加えた豆腐を湯煮して葛たまりなどを掛けて食べるとしている。かなり複雑な豆腐料理が試みられていたことになろう。

ところで先の『日葡辞書』に取り上げられた炙豆腐・饂飩豆腐・湯豆腐にしても、加熱したものであった点に注目したい。さらに湯豆腐も餡掛けが一般的であり、近世中期の白玉翁「豆腐記」も、「葛たまりの衣」をまとった湯豆腐を褒めるいっぽうで、世が下るにつれて「やっことうふ」がもてはやされている状況を嘆いている。その後、一八世紀後半の『豆腐百珍』九七の「湯やっこ」でも、葛湯の煮溜まりに豆腐を入れるとしている。

いずれにしても加熱処理は、もともと豆腐が冬の食べ物であることを示している。そもそも中世に登場する豆腐記事は、ほとんど冬季のものであった。これは保存上の問題もあるが、それ以上に生の冷たい豆腐が避けられた理由があった。それは先にみたように、『本草綱目』が豆腐の性質は寒で小毒があるとしたことから(三八頁参照)、これを承けた日本の本草学でも、豆腐には毒があり、杏仁とダイコンにその解毒作用があるとされていた。しかも加熱していないものはよくないと考えられており、貞享四（一六八七）年の序文を有する『食用簡便』は、「生豆腐を醤に浸し蕃椒（唐辛子）の粉を加えて用ゆ。俗に奴豆腐と云ふ。甚だ悪し、食すべからず」とし、豆腐の白和えについても「一切病人に忌む」と記している。

また元禄八（一六九五）年刊の人見必大著『本朝食鑑』は、日本独自の本草学の先駆けとなった書であるが、やはり豆腐は小毒を有し多食すると下痢をおこすとしている。しかし日本では今や世を挙げて毎日食し、とくに僧家には最上品だとしているが、常食していれば身体が慣れるので大丈夫なのだと述べている。いずれにしても近世前期の段階で、小毒があるとされながらも、豆腐は広く庶民にまで食されていたのである。

祇園豆腐・華蔵院豆腐など

都市では豆腐は専ら購入食品となるし、田楽のように外食食品ともされたので、いくつかの有名豆腐専門店が人気を呼んだ。たとえば先にも触れた京都の祇園豆腐は、八坂神社の門前にある藤屋と中村楼という二軒茶屋の名物料理で、天和二（一六八二）年の序文を有する『雍州府志』六土産門上に「豆腐を薄切にし竹串にて貫き火にて焼き」「味噌の稀汁を以て煮、麨粉（＝糗粉）を其の上に点じて之を食ふ」とあり、その味は他の及ぶところではないと絶賛している。その後、製法は辛子を点じた葛の餡掛けに変わったようであるが、さまざまな随筆類に登場し、近世を通じて評判が高かったことがわかる［青木：一九七〇］。

その歴史は古く、すでに『言経卿記』天正一〇（一五八二）年二月八日条に、公家の山科言経が、清水や祇園の茶屋で冷泉為満に振る舞って貰い、すっかり酔ってしまった旨が見えるが、この祇園の茶屋こそが二軒茶屋であり、おそらくは豆腐田楽を肴に飲んだものであろうと推定されている［熊倉：二〇〇四］。基本的に中世までは、外食施設が少なく、人の集まる寺社門前における茶屋以外での飲食は考えられず、なかでも著名な清水や祇園は、かなり早い茶屋の事例で、そうした施設に豆腐田楽は最適な料理であったものといえよう。

ところで天明七（一七八七）年刊の『〈拾遺〉都名所図会』は、著名な『都名所図会』の続編で、より詳細な内容となっているが、その巻二には「祇園二軒茶屋」の図が掲載され（章扉図版参照）、祇園豆腐を切る様子のほかオランダ人の客も描かれている。その解説にはオランダ人江戸参府の際に、二軒のうち東方の茶店に立ち寄ることが通例となった旨が記されている。ちなみに文政九（一八二六）年六月七日（新暦）には、あのシーボルトも江戸からの帰り道に立ち寄っている。『江戸参府紀行』には知恩院から祇園社へ行き「非常にたくさんの見物人に取り囲まれて、茶屋で少し飲んで元気をつけ」て清水寺へ行ったとあり、おそらくは彼も名物の祇園豆腐を食したものと思われる。

さらに有名になった祇園豆腐は、江戸へも進出した。享保二〇(一七三五)年刊の名所・名物に詳しい『続江戸砂子』には、湯島天神前の茶屋が「京祇園の二軒茶屋の田楽を模す」として祇園豆腐を供していた旨が記されている。さらに食通としても知られる江戸後期の才人・大田南畝(なんぽ)は、寛政一三(一八〇一)年三月一〇日に京都を訪れ、祇園豆腐を肴に飯を食い酒を飲んでいるが(『改元紀行』)、さまざまな雑事を書き留めた『半日閑話』にも興味深い記事を残している。巻一二「浅草名物」の項に、明和六(一七六九)年のこととして「馬道(うまみち)の方に京都二軒茶屋のうつし、永楽庵の祇園豆腐出来る。近所の者に忌れ久しからずして廃る。五月十七日より元雷門前に祇園豆腐又々出来る」とあり、江戸では一部敬遠する向きもあったが、祇園豆腐を手本とした店がそれなりの人気を得ていたことが窺われる。

むしろ江戸で評判が高かったのが、浅草華蔵院(けぞういん)の前で販売されていたという華蔵院豆腐である。古くは貞享四(一六八七)年刊の地誌『江戸鹿子(かのこ)』巻六「諸職名匠諸商人」に「くるまさか(車坂＝台東区下谷)　けそうゐんとうふ」とある。しかし先にも触れた『続江戸砂子』巻一に「華蔵院豆腐〈かたち(形)まんちう(饅頭)のことし。あちはひ(味)つね(常)にすくれたり〉浅草華蔵院門前七軒町」とあり、饅頭のような形で美味だとしているが、所在については異同がある。

例えば、考証家としても知られた柳亭種彦(りゅうていたねひこ)は、『柳亭記』下巻に「華蔵院豆腐」の項を設け、「華蔵院は下谷三味線堀の北の門前町を七軒町といふ。ここに間口六、七軒にもあらん大家の豆腐屋ありて名高かりし事」をある老人がよく覚えており、『江戸鹿子』が車坂にあったとしていることに疑問を呈しているが断定は避けている。現在、華蔵院は長野善光寺の東京別院となっているが、かつて上野寛永寺の末寺に編入されており、車坂が寛永寺の門前町であったことから、同寺に華蔵院という塔頭（たっちゅう）があった可能性も考えられよう。いずれにしても古くから有名な豆腐で、饅頭型という記述から柔らかなおぼろ豆腐つまり寄せ豆腐の一種と考えられる。

ちなみに『本朝食鑑』「豆腐」の項には、おぼろ豆腐について、椀に盛って凍成するので形は丸く色白で柔らかく美味だとしており、華蔵院豆腐のほかに、京都の職人が来て作り始めた錦豆腐も有名だとしている。これは色紙豆腐ともいい、紅・紫・黄・青・白に染め分けているが白が最も良いと解説している。このほか先の『続江戸砂子』には「淡雪とうふ」が見え、湯島切通の山田屋権兵衛と両国橋の日野屋藤次郎の名が挙げられている。これも寄せ豆腐の一種で、江戸でもとくに京風の柔らかな豆腐が、別格の人気を得ていたとしてよいだろう。

文人と豆腐

近世の文芸といえばもっとも身近なのが俳諧だろう。俳聖・芭蕉には「影待ちや菊の香のする豆腐串」がある（『芭蕉俳句集』）。影待ちは正月・五月・九月の吉日に、精進しつつ夜を明かして日の出を拝する行事で、芭蕉はしばしば門人・岱水（たいすい）の家での影待ちに参加し、多くの句を得ている。これもそのうちの一句であり、深夜の宴席でのささやかながらも香り豊かな田楽を楽しんだ様子が窺われる。また芭蕉には、「色付くや豆腐に落て薄紅葉」があり(同前)、おそらくこれは餡掛けの湯豆腐で、白い豆腐に舞い落ちる色付きはじめた紅葉のほんのりとした色彩が印象に残る。

ところでこの紅葉には、もう一つの背景が隠されている。それは紅葉豆腐のことで、豆腐槽の底板に紅葉の型を彫りこみ(一五三頁参照)、その文様を付けた豆腐が販売されていた。貞享元(一六八四)年刊の『堺鑑』下に紅葉豆腐の項があり、豆腐はどこの国でも売られているが、泉州堺の紅葉豆腐は、この地の名産サクラダイにも劣らない味だという。これは皆が買様にとかけた名前で、今は豆腐の上に紅葉を印すとしている。嘉永六(一八五三)年成立の『守貞謾稿』は、東西の生活文化に詳しいが、その後集巻之一食類の「豆腐」には、「昔は豆腐に紅葉の形を印す。今も江戸にては之を印す。京坂は菱形を印せり」とある。先の芭蕉の句は江戸でのことであり、この豆腐に紅葉の印があったかどうかは明らかではないが、関西出身の芭蕉の念頭には紅葉豆腐があったに違いない。

さらに絵画的で味わい深い蕪村と、軽妙で親しみやすい一茶についてもみておこう。まず蕪村には、「茶の花や裏門へ出る豆腐売り」(『蕪村全集』三)がある。白い五弁の花に黄色の花芯が鮮やかな茶の花は、純白な豆腐を想わせるが、買い手が公然としたくないことを察している豆腐売りは裏門から出て行くという情景を詠んでいる。また同じく「新豆腐少しかたきぞ遺恨なる」(同前)は、秋の新大豆で作った豆腐を期待して口にしたが、予想外に滑らかではなかったことが残念で仕方なかったのである。いずれも豆腐讃と読むことができよう。

また一茶も豆腐好きだったらしく、「宵越のとふふ明りや蚊のさはぐ」(『享和句帖』)は、水を張って昨夜からとっておいた台所の豆腐が、月明かりでほの白く浮かび上がり、そこに蚊が群れて低い鳴き声が静寂に響く様子が巧みに表現されている。そして同じく「楢の葉の朝からちるや豆腐ぶね」(『小林一茶集』)は、古来和歌などに詠まれてきた落葉樹である楢の葉が白い豆腐が出来上がった箱に落ちる風情を描いており、「おそ起や蚊屋から呼ばるとふふ売」(『七番日記』文化一五年六月)は、早起きの代名詞のような豆腐屋と寝坊している買い手との対比がおもしろい。

もともと俳諧は連歌の伝統をひく集団の文芸であり、俳人は一座に連なって実力を養うが、その場での紐帯のために共食が不可欠であった[原田:二〇二二]。この俳席には簡素な奈良茶飯が出され、芭蕉はこれを三石食べるほど修行を積まなければ一人前になれないとしたという。しかし人々は、これを口実に俳席の料理に華美を求めた。そうした料理に対して横井也有(やゆう)は、没後の天明七(一七八七)年に刊行された『鶉衣(うずらごろも)』前編上の「俳席之掟」で、これを戒めその献立を「汁一つ菜一つ酒の肴も一つに限りて(中略)夏は必ず茄子は用ひ、豆腐は三季にわたるべし」として「音も香もせぬや豆腐の冬籠」の一句を添えている。真摯な俳人たちは質素な豆腐でその修練を積んだのである。

　このほか森川許六の『風俗文選』には「豆腐の弁」があり、すたれつつある堅い田舎豆腐を賞美している。さらに漢詩文の世界においても、銅脈先生こと畠中寛斎の狂詩集『精物楽府』には「豆乳」の五言律詩があり、大豆から豆腐を作るまでの製造過程を叙した上で、「庖丁の先に甚だ柔かなり。僧俗の隔は無しと雖も、多くは出家の喉に入れり」として豆腐を絶賛している。また先にも触れた白玉翁「豆腐記」の著者は、近世中期の権大納言従一位の公家・正親町公通で、山崎闇斎の流れを汲む垂加神道において重きをなした文化人であるが、次のように豆腐を絶賛している。

> 春は桜とうふに祇園林の花にいさませ、二軒茶屋にかんばしき匂をこめ、あけぼのゝ朧豆腐に歌人の心をいさめ、雉子焼の妻恋に珍客の舌鼓をほろほろとうたせ、和歌連俳の席に月花に心をよせ、一興の味に豆腐のいたらぬ所なし

　こうして豆腐は、安価ながらもその味は風雅の楽しみとされ、多くの文人たちに叙述の対象とされてきたのである。

庶民と豆腐

もちろん庶民の間でも豆腐は大人気で、彼らの娯楽のうちにしばしば登場する。近世も中期を過ぎると出版文化が花開き、荒唐無稽な筋書きや滑稽さを売り物にした絵入りの小説である黄表紙が流行した。そのうちのジャンルの一つに妖怪物があり、一八世紀後半には妖怪図鑑のようなものが出版されるほど、さまざまな妖怪が創案された。

そのなかに豆腐小僧という妖怪がいる。この豆腐小僧は精進であるから妖怪特有の生臭さがなく、特段の悪さをするわけではなく、むしろいじめられたり、豆腐を落としたりして、妖怪のうちでは弱者的な存在として描かれている〔カバット：二〇一四〕。たとえば天明八（一七八八）年刊の『夭怪着到牒（ばけものちゃくとうぢょう）』図（左頁図版参照）のように、むしろ滑稽でどこか愛くるしさを感じさせるところがある。

その特徴としては、福助のような大頭に笠をかぶって豆腐を差し出すよう持っており、豆腐には紅葉の印があることが一種のトレードマークとなっている〔カバット：二〇〇六〕。先にも触れた紅葉豆腐が、庶民に親しまれていた証拠といえよう。なお川柳には、「とうふやが紅葉を付る訳も有」（『誹風 柳多留 二』）とともに「豆腐にもみち（紅葉）是（これ）といふいわれなし」（『初代川柳選句集』上）の句があり、理由はともかく豆腐に紅葉の印が当時の常識だったことが知られる。

ちなみに川柳の豆腐をみておけば、「豆腐うり此秋の日を三度つゝ」(『童の的』二—一五)があり、のんびりとした秋の一日にも毎日三度も売り歩くこまめな豆腐屋の働きぶりが描かれている。しかも「豆腐屋は時斗(とけい)のやうに廻る也」(『柳多留三九』三)の句からは、売りに来る時間は非常に正確で、「豆腐ィ」という豆腐屋の売り声は時計代わりとなったことが窺われる。また「とうふの湯御用に内義(ないぎ)手をあわせ」(『誹風 柳多留 一』)はちょっと分かりにくいが、豆乳にニガリを入れて豆腐を作るときに出るお湯は洗濯や化粧に大いに役立った。豆腐の湯には油分が含まれているため、洗剤のような役割を果たし、また化粧水ともなるので、これを欲しいおかみさんたちが手を合わせるのである。

「豆腐小僧」(『夭怪着到牒』)

こうした黄表紙や川柳などのほか、落語や講談でも豆腐が取り上げられている。ともに基本的には江戸の小咄が元になっているので、大筋は当時の様相を反映するものと考えられる。

まず落語の豆腐屋が主人公になる話としては、「鹿政談」「甲府い」があり、前者は店のオカラを食べた鹿を誤って殺してしまった豆腐屋が代官の名裁きによって命を救われ、「雪花菜(切らず)にやるぞ」「豆(達者)に帰ります」という落ちがつく。後者は甲府出身の若者が豆腐屋のオカラを盗み食いしたが、店主の恩情で許されるばかりか、その店に雇われ律儀に働いたので婿となり、夫婦で晴れて甲府に帰る時に、どちらへと隣人に聞かれて、ついつい豆腐売りの口調で「甲府ィ(へ)」と答えたという人情噺となっている。

さらに「酢豆腐」は、半可通の若旦那を若い衆がからかって、腐った豆腐を「舶来物の珍味」と称して差し出すと、これは「酢豆腐」という料理だと知ったかぶりした若旦那は引くに引けず口にし「酢豆腐は一口に限る」と言い訳して逃げる噺となっている。なお「豆腐の角に頭をぶつけて死んでしまえ」という文句は、稼ぎがなく女房にそう馬鹿にされた男が泥棒に入って穴に落ちる「穴どろ」という噺のなかで使われている。このほか田楽豆腐を素材とした「田楽食い」や「味噌蔵」、豆腐屋となった力士の話が挿話となる「千早振る」など、豆腐はしばしば落語の素材として演じられてきた。

「徂徠豆腐」

そして講談の「徂徠豆腐」は、後に落語のネタともなるが、大学者・荻生徂徠を主人公としながらも、当時の豆腐に対する庶民感覚を反映した噺となっている。

荻生徂徠は、若い頃には弟子もおらず禄もなく、芝の貧乏長屋で暮らしていた。ついに売るべき家財道具もなくなり、食に事欠き空腹に耐えていた。そんなある日、豆腐屋の上総屋七兵衛が通りかかったので、豆腐一丁を買い求め、その場でガツガツと食べた。しかし徂徠に金はなく支払いを延ばして貰った。次の日以降も同じように豆腐を買い求めたが、やはり支払う金はない。徂徠の窮乏と学問への志を知った七兵衛が、それなら毎日にぎり飯を運ぶと申し出ると、それは施しになるから受けるわけにはいかないと断られた。そこで商売用の安いオカラならあくまでも借金になるということで合意し、以後、七兵衛はオカラを運び続けた。

そのうち七兵衛は病にかかり、数日寝込んでオカラを届けることができなかった。病が治り、再びオカラを持って行くと徂徠は引っ越していた。そのうち火事が起こり、貰い火で七兵衛の家は全焼となった。一切を失った七兵衛は、夫婦で友人宅に仮寓していたが、そこにある大工の棟梁が「さるお方」の使いとして現れた。大工の棟梁は、一〇両の金を七兵衛に渡したほか、焼け跡に店を普請してくれるという。とうとう七兵衛は渡された金に手をつけ返済のあてがないと心配しているところに、大工の棟梁が「さるお方」を案内して現れ、店の新築が成ったと告げた上で、さらに金一〇両を与えてくれた。

この「さるお方」こそが徂徠であり、幕府側用人・柳沢吉保に抱えられ八〇〇石取りの身分となっていた。徂徠は、七兵衛から受けた恩に深く感謝し、豆腐とオカラの借りを、二〇両と店普請とで返したのである。そして徂徠の口利きで七兵衛は芝・増上寺への出入りが許され、商売は繁盛して幸せに暮らしたというのが、「徂徠豆腐」の筋書きである。これは元禄の話で、徂徠の挨拶が遅れたのは赤穂浪士の処分に手間取ったためだとしている。徂徠が彼らの切腹を主張したことから、落語では落ちを「先生は自腹を切りなさった」とする場合もある。荻生徂徠が安い豆腐を食べて飢えを凌ぎ出世したので、この噺は「出世豆腐」とも呼ばれている(補注2)。豆腐が安くて栄養のある食べ物として庶民に親しまれていたことを如実に物語るものといえよう。

実は、この話には元となった随筆がある。服部南郭の門人つまり徂徠の孫弟子にあたる湯浅常山が記した『文会雑記』は、徂徠門人たちからの聞書であるが、ほぼ事実と考えてよいだろう。次のような一文である。

一、徂徠は芝に舌耕して居られたる時、至極極貧にて豆腐屋にかり宅してをられたるゆへ、豆腐のかすばかりくらはれたると也、大に豆腐屋の主人世話やきたるゆへ、徂徠禄えられたる後、二人扶持やられたると也。

講談や落語の「徂徠豆腐」にはかなりの創意が加えられているが、かつて徂徠が貧窮のなかで、豆腐屋に世話になってオカラを食べていたことと、仕官後に豆腐屋へ恩返しをしたことは事実であったことがわかる。これはそれなりに知られた話らしく、そこに著名な徂徠の赤穂浪士切腹論が加味されて、まずは忠臣蔵ものの講談の一つとなり、その後に落語で人情噺として育て上げられた。なお近年でも、この話を元に徂徠の思想と心情にせまった小説も創作されている[野口：二〇一九]。オカラばかりを食べていた徂徠が大学者になったという話は、豆腐を身近な食べ物としていた庶民に受け容れられやすかったのだろう。

豆腐の値段と幕府

こうした庶民の味方であった豆腐の値段には、初めはその食を禁止した幕府も大いに関心を寄せていた。すでに宝永三(一七〇六)年五月に、豆腐をはじめとする商品値段に関する御触書を出している(『御触書寛保集成』二〇七六号)。これによれば、近年、穀物相場が高騰し、とくに大豆が高値だったために豆腐の値段が上昇している。ただ今年になって米値段も下がったのに、豆腐は高いままなので、南小伝馬町ほか五町から七人の豆腐屋が呼び出された。吟味が行われ、これは不届きな行為と認定され、彼らには逼塞の刑(日中の出入禁止)が言い渡された。さらに他の豆腐屋数十人も取り調べられた結果、非を認めて値下げするということで落着したという。幕府は、しばしば物価の調整を行っていたが、もともと安価で需要の高い豆腐に対しては、とくにその値段に注目していたのである。

ところで肝心の豆腐の値段については諸書にも散見する。寛政九(一七九七)年の序文を有し、幕府のお抱え医師か御坊主と思われる喜田順有の随筆『親子草』は、近年急に値上がりして大型の豆腐一丁が一四文(約一九六円)から二四文(約三三六円)になったとしている。そして豆腐一丁の値段はだいたい酒一合の値段に相当し、豆腐と同様に酒もほぼ同様の比率で値上がったと述べている。ちなみに文政七(一八二四)年刊の『江戸買物独案内』下巻酒売場から算出すれば酒一合が二〇文(約二八〇円)から四〇文(約五六〇円)の間となるので(補注3)、豆腐は中クラスの酒一合の値段と考えてよいだろう[原田:二〇一三]。

ただ豆腐の大きさは不明な場合が多いが、先にも触れた『守貞謾稿』の巻之六生業「豆腐売」および後集巻之一食類「豆腐」の双方には、これに関する興味深い記述が並ぶ。「京坂豆腐小形」「江戸は大形にて価相当す」とあり、京都では一丁以下は売らないが大坂は半丁も売るとし、一丁は一二文(約一六八円)、半丁だと六文としている。そして江戸の豆腐製箱は、縦一尺八寸(約五四・五センチメートル)・横九寸(約二七センチメートル)で、これを一〇丁あるいは一一丁に切る。その一丁の価は五〇文から六〇文で、これは四分の一単位でも販売するとしている。そして東西の実質的な価格は同じだとしているから、京坂の一丁は江戸の四半丁にあたるとしてよいだろう。

さらに『守貞謾稿』は「豆腐売」の末尾で、天保一三(一八四二)年二月晦日、江戸の豆腐屋与八が豆腐を安く販売して幕府から表彰された旨を記している。与八は、ほかの豆腐屋のように一箱を一〇丁か一一丁ではなく、九に切り分けかつ五二文(約七二八円)で売って好評を得ていた。これに対し他の豆腐屋から不満の声が起こった。すると三月六日に幕府は、すぐに吟味し値段に文句を言う者あれば訴え出よと命じるとともに、町名主たちにも他の豆腐屋への値下げを指示している(「天保制法下」)。すでに近世においては、独占的な商工業者の組合が組織されていたが、天保の改革で幕府は、そうした株仲間や同業組合を解散させて物価の高騰を抑えようとしたのである。

そして翌一四(一八四三)年三月朔日には、江戸市中の豆腐組合に対し、豆腐製箱・豆腐一丁・油揚・焼豆腐それぞれの寸法と箱以外の法定値段を示し、それを店に張り出すよう命じた(『江戸町触集成』一三八七七号)。これによれば豆腐一丁は縦七寸(約二一センチメートル)、横六寸(約一八センチメートル)、厚さ二寸(約六センチメートル)で五二文、焼豆腐が縦三寸五分(約一〇・五センチメートル)、幅二寸(約六センチメートル)、厚さ一寸(約三センチメートル)で五文となっている。

この法令と『守貞謾稿』との間には、ほぼ一〇年のズレがあり、豆腐製箱の大きさも微妙に異なり、後者には深さが記されていない。そこでこれらを参照しつつ、当時の豆腐値段について、同書にソバ値段一六文とあるのを手がかりに、少し大胆な推算を試みてみたい(補注3)。

先の法令によれば、天保期の江戸では、豆腐一丁が五二文(約七二八円)であるから、手頃な大きさである四半丁の豆腐は一三文つまり一八二円ほどで、大きさは縦一〇・五センチメートル・横九センチメートル・厚さ六センチメートルとなる。これは五六七立方センチメートルで、現在、筆者が一三〇円で買っている豆腐が四四八立方センチメートルとなるから、現在の豆腐よりも大きくはあるが、ほぼ同じ値段ということになる。京坂の一丁は江戸の四半丁ほどで一二文つまり一六八円であるから、やはり今の感覚に近い。いずれにしても栄養価が豊富で美味しく調理法が多い豆腐は、今日の一丁にあたる大きさが当時の掛けソバ一杯弱ほどの値段で購え、やはり江戸の庶民にとって有り難い食品だったのである。

幕府と豆腐屋仲間

織田信長の楽市楽座令の伝統を承けた江戸幕府は、株仲間をはじめとする同業組合に対して、しばらくは結成を禁ずる政策を採ってきた。しかし近世も中期を過ぎて、貨幣経済が発達してくると、物価の統制が重要な課題の一つとなってきた。そのため享保の改革では、株仲間を公認し営業の独占を認める代わりに、冥加金(みょうが)(営業税)を徴収するとともに、物価の引き下げを期待したのである。さらに寛政の改革においても、同様の方針が採られた。寛政三(一七九一)年二月八日、豆腐屋組合に対し、大豆価格が低落しているのだから値段を引き下げよと命じている(『江戸町触集成』九六六六号)。

そして寛政六(一七九四)年には、豆腐屋の統制をめぐって、幕府は彼らから考慮を余儀なくされた。前々から豆腐屋の間で、豆腐杜氏(豆腐職人)に問題があり、借金したまま逃げ出すなどの事件が起きていた。そこで豆腐仲間は、五人の豆腐屋を杜氏宿として定め、そこで質の良い職人を養育して管理することとした。代わりに彼らには、職人一人あたりの必要経費を認めてもらい、その分の冥加金を加減してほしい旨を願い出た。困った幕府は五月になって、この扱いの是非を町年寄に報告するよう命じている(『江戸町触集成』一〇〇八四号)。その結果については明らかではないが、豆腐屋仲間に配慮を示すような形で、価格統制を行ってきたことが窺われる。たとえば享和三(一八〇三)年一二月には、江戸市中の豆腐屋二八人に連判させた上で、豆腐値段を大豆と薪代の変動に合わせて安く安定させるよう、「組合肝煎」に申し渡している(『江戸町触集成』一一二三一号)。

ちなみに福島藩の文化九(一八一二)年七月の事例ではあるが、豆腐屋の必要経費が知られる。大豆一升二合六〇文・ニガリ五文・消泡剤六文・薪代一二文で計八三文かかるとして、福島城下小山新町(福島市御山町)の豆腐仲間年番など三人が町年寄に報告した覚が存在する(「金沢文書」須賀川市)。この大豆は一・五六キログラムにあたり、あくまでも現代の技術でだいたい五・四六キログラムの豆腐ができる。一丁を三〇〇グラムとすれば、一八・二丁取れることになる。先の計算を適用すれば八三文は一一六二円ほどとなるから、一丁の経費は約六三・八円であった(補注3)。江戸の豆腐が約一八二円だったことを参考とし、物価や大きさと歩留まりを考慮すれば、売値の半額以上の儲けがあったと考えられる。この程度の利益を豆腐屋仲間に保証していたことになる。しかし売れ残りの問題があるほか、仕入・製造・販売の労力も考えれば、決して楽な商売ではなかったであろう。

こうして豆腐屋組合は、幕府や藩との関係のなかで利権を得てきたが、天保一二(一八四一)年に幕府は、天保の改革の一環として株仲間解散令を出し、すべての同業者組合を禁止した上で、自由競争による商品の値下げを期待した。しかし実情には合わなかったことから、嘉永三(一八五〇)年に幕府は、株仲間再興の方針を定めた。そして、その対応策を練り上げるため、これを建議した南町奉行・遠山景元(かげもと)に、過去のさまざまな事例の調査を命じて、『諸問屋再興調』(以下、『再興調』と略称し、巻-号を示す)という膨大な調査資料を作成させた。これには豆腐屋に関する史料も収録されており、豆腐の販売をめぐる実情や政策についても、その一端を知ることができる。

幕府は豆腐を「日用之品」として認め、その物価については大きな関心を払い、豆腐屋名前帳の受け取りを拒みつつも、四六名を豆腐屋触次(ふれつぎ)世話人として認めてきた(『再興調』三巻一一六号)。これは寛政二(一七九〇)年に「豆腐に大小、値段に高下なきよう一同に商い致すべし」として、これをチェックするため、地域ごとに触次世話人を定めた。ただし、これは幕府による組織化というよりも、もともと存在していた豆腐屋の仲間組織と彼らの独自法に依拠し、それを利用したものであった。江戸市中における豆腐屋の数は一〇〇〇人以上とされたため、触次世話人を仲介としたのである（『再興調』三巻一一七号）。

彼らの基本的な慣行である「仲間内自法」としては、豆腐屋は住居の近辺一町四方に一軒として店売りを基本とするもので、糶売（せり）（町での自由販売）については、配達を基本とする「武家方・寺町」以外は認めないとするものであった（『再興調』三巻一二〇号）。こうした豆腐屋仲間の存在は、幕府として公認することはなかったが、実質的には、触次世話人をリーダーとして一一組計七六人からなる豆腐屋仲間が存在し（『再興調』三巻一二〇・一二二号）、彼らの利益を守るために、「仲間内自法」を原則として営業が行われていたのである［吉田：一九九二］。

豆腐屋仲間と新興豆腐屋

結局、株仲間解散令の誤りを認めた幕府は、嘉永四（一八五一）年三月には、株仲間再興令を発し、現状を容認しつつも、冥加金の上納を求めない代わりに、株仲間としての株札の発行は認めず、仲間の人数制限を廃するなど、組合の規制力を弱めるような形で問屋仲間の再興を認めた。こうしたなかで豆腐業界では、旧来の「仲間内自法」を固守して商売を続けようとする豆腐屋仲間と、そこに割り込もうとする新興の豆腐屋との間で、熾烈な争いがみられるようになる〔吉田：一九九二・山室：二〇一五〕。

株仲間再興令が出されてほぼ五ヶ月後の同年八月八日、下谷同朋町の安兵衛店で豆腐屋を営む甚吉は、池之端の榊原家に豆腐を納めた帰り道で、残りの豆腐を売ったところ他の豆腐屋から襲われ、強引に道具一式を取り上げられた。これは地元豆腐仲間の元締め寅右衛門の差し金らしく、甚吉は奉行所に訴え出た。これに先だって寅右衛門は、八月四日に豆腐屋仲間一同を集め、新規に商売を始める場合は、一町ほど隔たった場所に限り、かつ礼金として金一歩を豆腐屋行事に収めるよう定め、ほかにお茶代一〇〇文なども徴収していた。しかも、今回の仲間再興が認められたことを機に、近所で豆腐を売り歩くことは厳禁だとした。これに対して甚吉は、場末の店なので人家が少なくて商売が成り立たず、仲間への礼金を払ったりしてはとても生活していけないと主張している。そんな状況なのに豆腐屋仲間が暴力をもって商売を妨害したのは理不尽だとして、没収された品の返却および町売り禁止と仲間への新規負担金の撤廃を訴えたのである（『再興調』三巻一二一号）。

これに対して寅右衛門は、新規の加入者を含めた豆腐屋七六軒を代表し、これまで豆腐屋仲間の自法を取り決め、店回りの地域での商売を基本とし、糶売を行わないことを一同が守ってきたことを強調している。もともと糶売を認めてしまうと、店番のいない小店や体力のない老人には商売が立ちゆかなくなるという論理を展開している。こうした取り決めを破った甚吉に対して、池之端仲町の八郎兵衛店の勘次郎が、自分のテリトリーで商売されたことから、ついつい立腹して荷物の取り上げという挙に及んだのだとしている。しかも甚吉とは示談とすべく話し合ったのに、聞き入れてもらえず、この度の訴訟となったのだと弁明している(『再興調』三巻一二二号)。

そして九月五日、今度は芝で豆腐屋清兵衛が襲われた。彼も朝昼晩に近隣の町々まで出かけて豆腐を売り歩いていた。そこに組合所属の吉兵衛らが殴りかかってきて荷物と売上金を奪われたのである。当然、清兵衛は奉行所へ訴え、羅売禁止の話は出ておらず、羅売ができなくては商売にならないと主張した。もちろん吉兵衛もこれに反論し、組毎に商売地域を定め一同が押印したはずであり、新規参入者の清兵衛が規定を守らなかったので、その証拠に荷物を押さえたのだと弁明した(『再興調』三巻一二四・一二五号)。つまり店売りに限定して既得権を固守しようとする旧来の豆腐組合と、羅売を展開して販売力を拡大しようとする新興豆腐屋との間で抗争が起きていたのである。

こうした事件に対して奉行所は過去の事例を精査し、双方の訴状と返答書を検討した上で、「仲間自法」と称して株仲間のような取引をすることはけしからんとして、新興豆腐屋に軍配を上げた。ただ豆腐屋仲間の言い分にも配慮を示し、襲った豆腐屋たちから咎人を出すことは慎重に避けた。すなわち豆腐屋組合に対し、問屋仲間再興に際しても、仲間内で勝手な申し合わせを定めることは禁じたはずだと諌め、新興豆腐屋たちの糶売を認める判断を下したのである(『再興調』三巻一二六号)。

しかし豆腐屋仲間は、こうした幕府の判定に不満を抱き続けており、万延元(一八六〇)年閏三月二〇日には、豆腐屋惣代の岡崎町清吉と難波町平吉が連名で、奉行所へ願書を提出している。これによれば、もともと天保の株仲間解散令は、正直な豆腐屋が衰微するところとなったが、嘉永の株仲間再興令が出たので、旧来の自法を守って、もともと薄利の商売である豆腐屋稼業に勤しんできた。しかし、糶売が横行しており、資金力のある店では、糶売のために奉公人を雇って大がかりな商売をするので、豆腐屋の経営が全体的に苦しくなっている。豆腐屋仲間は、「日用之品」で下々にまで食用とされる豆腐の値段を安くするよう努力している。新規豆腐屋の加入を拒否するようなことはないので、豆腐屋仲間の要望である糶売を禁止するよう願い出ている(『再興調』一九巻一四件九七号)。豆腐に対する高い庶民の需要があったにも拘わらず、豆腐屋仲間にしても新興豆腐屋にしても、利益の薄い商売は楽ではなく、それぞれに必死で経営に努力していたのである。

第5章

さまざまな豆腐

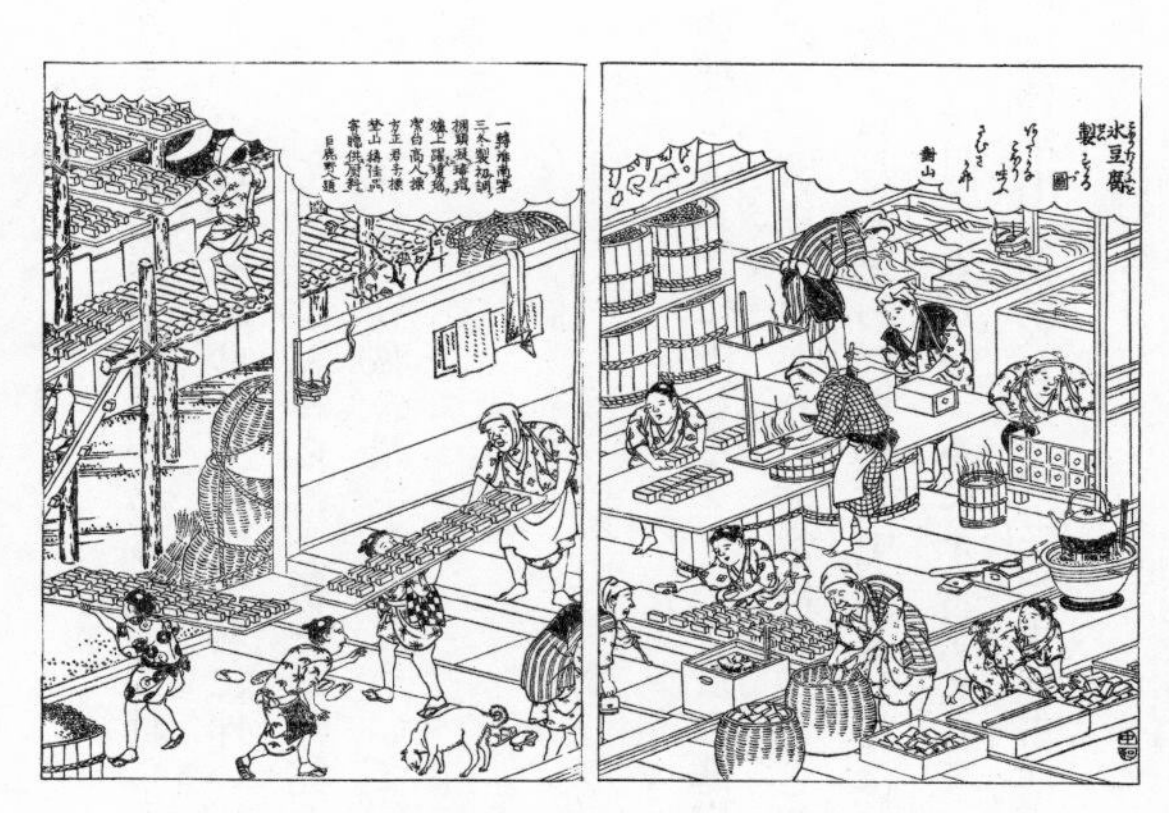

123頁：高野山豆腐氷豆腐製造の図（『紀伊国名所図会』三編巻五「時候」）

すでに第1章でみたように、豆腐にはさまざまな派生食品があるが、これらも高タンパクで栄養価が高い上に、値段は決して高くはなかった。それゆえ豆腐の受容に伴い、これらについても精進料理の中心にいた僧侶たちの手によって工夫が試みられ、新たな味覚として、大いに人々の食膳を楽しませてくれた。本章では、こうした豆腐の派生食品について、文献史料に基づき、料理法も考慮しつつ検討を加えてみたい。

湯葉

いうまでもなく湯葉(ゆば)(うば)は、豆乳を加熱して表面に生じるタンパク質の薄皮のことである。すでに中国明代の『本草綱目』豆腐の項に「豆腐皮」とあり、非常に美味だとしている。日本でも、鎌倉期頃から僧侶たちの間で食されていたと思われるが、史料としては一四世紀後期の『遊学往来』五月七日や『異制庭訓往来』一一月一五日の手本に茶菓子として「豆腐上物」が見えるのが、湯葉だと考えられる。さらに林羅山の寛永七(一六三〇)年刊古活字本『多識編』穀部に「豆腐皮〈今按ずるに唐布の宇波〉」とある。

この名称のうち「うば」については、『和漢三才図会』巻一〇五に「皺面(しわづら)の皮に似たる故に嫗(うば)と名づく」とあり、豆腐を作る時に釜の表面に凝まる黄色い皮で、これを取っていくと豆腐の出来が悪くなるとしている。ただ「ゆば」という表記の登場は意外と遅く、寛延元（一七四八）年刊の『〈料理〉歌仙の組糸』に「畳ゆは」「やきゆは」とあるのが初見とされており〔川上：二〇〇六〕、享和三（一八〇三）年刊の『本草綱目啓蒙』巻二一に「ウバト云、ユバト云」とある。そして文化一二（一八一五）年刊の山東京伝『骨董集』下巻（後）二一では、「豆腐上物」の由来を嫗とするのは俗説で、豆腐をつくる時に上に浮かぶ皮が豆腐上物であるから、この「うは」の子音転訛で、「ゆば」となったとしている。

湯葉にも名産地があったようで、正保二（一六四五）年刊の俳諧書『毛吹草(けふきぐさ)』巻四では、安芸国の名産として「豆腐姥」を挙げている。また文政七（一八二四）年刊『精進献立集　二編』は、京都では東寺湯葉とも称された八条大宮辺の八条湯葉が有名で、そのまま山椒醤油で付け焼きにし、焼きたてが良いとしている。なお享保一八（一七三三）年に成立した仙台藩料理人・橘川(きっかわ)房常(ふさつね)の著『料理集』にも「東寺うば」の一項があり、煮染めて焼き蓼酢(たでず)で食すとするほか、煮物やすまし汁にも用いるとし、大名クラスにも好まれていたことが窺われる。

このほか湯葉は巻物・包物にも適していた。元禄一〇（一六九七）年刊の『和漢精進料理抄』には、巻湯葉料理が二種類紹介されている。一つは筍羹(しゅんかん)と呼ばれる一二月の煮物料理として、豆腐・山芋・割山椒をよく摺り合わせて湯葉に練り付けて巻き、これに長芋・生の大麸(ふ)を添え、葛の餡掛けを絡ませるものであった。もう一つは汁で、同じく一二月の料理で、よく擂った豆腐に葛粉を入れてさらに擂り合わせ、これを湯葉に巻いて油で揚げるとしている。

ところで近世後期には、中国のテーブル式卓袱料理（宴会料理）が流行しており、その精進版である普茶料理も人気を呼んでいた。なかでも巻繊は、宇治万福寺の禅僧の間に伝えられた黄檗料理（卓袱料理）の一つで、椎茸・ごぼう・にんじんなどをせん切りにして味付け、湯葉で巻いて油で揚げた料理である。これとほぼ同様の料理法が、享保一五（一七三〇）年刊の『料理綱目調味抄』と文政五（一八二二）年刊の『〈江戸流行〉料理通』に紹介されている。ともにハイレベルな読者が多かった料理書で、美味な料理の一つとして人気が高かったことが窺われる。

なお先の八条湯葉を扱っていたのは、専門の湯葉屋だった可能性がある。天明七（一七八七）年刊の『〈江戸町中〉喰物重宝記』は、江戸の飲食店一覧であるが、このうち豆腐屋とは別に、長谷川町一丁目（中央区日本橋堀留町）に八条伊兵衛の店があり、ここでは「しぼりゆば・ひろゆば・茶巾ゆば・糸巻きゆば・金糸ゆば」が売られている。おそらく搾り湯葉は生湯葉であろうし、糸巻湯葉は四角に畳んだものを指すが（『本草綱目啓蒙』巻二二）、ほかは形状からきた命名だろう。いずれにしても一八世紀後半には、湯葉専門店が出現していたのである。

雪花菜

湯葉は豆腐と兄弟のようなものであるが、豆腐の分身とでも言うべきはオカラである。近世初頭の『後水尾院(ごみずのおいん)(当時)年中行事』には、「まゐらさ(ざ)る物」として「豆腐から〈物のからハまゐらぬとか〉」とある。残り物は宮中にふさわしくない食べ物とされたが、オカラという女房言葉から、宮仕え人たちには食されたことが窺われる。また元禄一一(一六九八)年刊の『書言字考節用集』「六服食」には、「雪花菜　豆渣」とあり、前者には「キラス・トウフノカラ」が左右に、後者には右に「同」(＝キラス)という訓がある。

この雪花菜(せっかさい)というのは中国風の呼び方で、明代・王路の『花史左編』巻二七に登場し、これは豆腐の屑のことで精進料理の蔬菜(そさい)とする旨が記されている。豆腐を白い雪花に見立てた総菜の意で、雪花という雅名をそのまま日本的に翻案したのが卯の花である。卯の花は、長いこと日本人に親しまれてきたウツギの異名で、卯月四月に白い花を咲かせる。さらにキラズについては、安永七(一七七八)年成立の小栗百万著『屠龍工随筆(とりょうこうずいひつ)』に「き(切)らずに調菜すれば左は呼びならひて、いと風流なる名」とあるように、豆腐と違って切らないでそのまま料理できるためだとする説もある。

その料理法としては、大名クラスを対象とした茶会料理を集めた元禄九(一六九六)年刊の『茶湯献立指南』巻四に一二月一一日の晩献立として見える「けんぞう汁」は、オカラを細かく擂って薄めに仕立てるとしている。また他の料理書でも汁にオカラが用いられている。煎りオカラについては、文化三(一八〇六)年刊の『料理簡便集』に、オカラに刻み葱・刻み海老を入れ油で煎り醬油で煮つけ、丸めて硯蓋に盛る料理とするのもよいとしている。また文政二(一八一九)年刊の『精進献立集』初編にも、オカラを煎って加薬を入れ、これを海苔巻き寿司のようにして小さく切る「のりまきうのはな」が見える。

このほか『大和本草』では「雪花菜」を「賤者の食也。富人も食ふ」としている。また飯百珍とも呼ばれる享和二(一八〇二)年刊の杉野権右衛門著『名飯部類』には、飯を炊き上げ、その上にオカラを載せて蒸らし、上質な刻み昆布と梅干・醬油で出汁加減をした「雪花菜飯」がみえる。いっぽう救荒を意識した天保四(一八三三)年序の『都鄙安逸伝』にも、「雪花菜飯焚法」として、同じようにオカラを飯の上で蒸らし、かき混ぜて食べると美味しく、米一升にオカラ一升を入れるので大いに節約となるとしている。

この雪花菜飯に関しては、幕末の平戸藩主・松浦静山の『甲子夜話』巻四六に、興味深い伝聞が収められている。かつて駿府に滝善左衛門という町人がおり、家康の囲碁相手であった。家康が鷹狩の帰りに、善左衛門の家に立ち寄ると、白米の飯を食べていた。翌日囲碁の相手を命ぜられた善左衛門は、お前の家の将来は覚束ないと家康に言われた。その理由に気付いた善左衛門は、身分の高い家康には分かるまいと思って、実は白米の飯に見えたのはオカラを入れたカテ飯だったと偽った。それを信じた家康は、それなら良いと親交を保ってくれた。この偽りを恥じた善左衛門は、以後、飯にオカラを入れるか、オカラを菜とすることを家訓に定めた。その家は最近まで豪商として栄えたが、やがて絶えたという。静山は、その理由は奢侈にあり、家訓を守らなかったせいだと評している。

やはり栄養価が高くて安いオカラは、先の落語の項でも見たように(八九–九三頁参照)、貧者の食料として象徴的な存在であり、長いこと彼らの味方だったのである。しかも不溶性の食物繊維が多いほか、不飽和脂肪酸のリノール酸を含む脂肪分や、ビタミンB_1、タンパク質、多糖類などを含み、健康によいとされている。さらに古くから、ウシやブタなどの飼料としても利用されてきた。またオカラを布袋に入れて、家屋や家具の木面を磨く艶出しにも用いられてきた。

こうした利用価値の高いオカラであるが、一九七〇年に制定された廃棄物処理法では産業廃棄物として扱われるところとなった。そして平成一一(一九九九)年には、豆腐製造者からオカラの処理を委託された業者が、これを畜産業者に流していたことから、最高裁判所で罰金刑が言い渡されるという事件も起きている。ようやく近年では、食品系廃棄物の再利用事業化が進み、数多くのパンやスイーツ、菓子・総菜・練り製品・調味料などとして食用されるほか、溶解紙・生分解性の容器にも加工されるようになった。さらに酵素分解して化粧品・養毛剤・抗ウイルス剤・入浴剤・バイオ燃料・育苗用マット・茸栽培用の菌床・ペット用品などにも利用されている。また最近ではおからペレットとして粒状の合成樹脂にまで加工されている［杉浦：二〇二三］。

油揚

油揚とは、基本的に野菜や魚肉などを揚げたもので、必ずしも豆腐に限った用語ではない。ただ日本では食品を油で揚げるという食文化の伝統はほとんどなかった。これは動物食が禁じられてきたため、動物性油脂に旨みを求めなかったことが主な要因と考えられる。胡麻や荏胡麻などの植物性油脂も、灯油として利用される場合の方が圧倒的に多かった。日本では、食用油としての利用度は低く、ましてや食品を油で揚げるという発想は乏しかった。

油で揚げるという調理法は、むしろ中国から菓子の製法としてやってきた。いわゆる八種唐菓子と呼ばれるもので、『倭名類聚抄』などに見え、小麦粉を練って成形したものを油で揚げ、甘葛などを塗ったりして食べていた。神饌や大饗などの儀式料理にも用いられたが、次第に廃れていった。しかし精進料理が伝えられると、風味や栄養が豊かなゴマ油が次第に多用されるようになった。

ゴマ油で揚げるという料理法が一般化するのは、戦国期以降のことで、もっとも古い揚物の記録は、『高橋家日記』永正一八（一五二一）年三月二二日条の「ふき（蕗カ）あげ」と、同じく天文五(一五三六)年五月二五日条の「笹あげもの」だとされている[川上：二〇〇六]。ただし文明六(一四七四)年頃の成立とされる『文明本　節用集』には、羹・和物・炙物と並ぶ料理法として「挙物〈キョブツ〉〈又作、釃物(油を吸わせたものの意)〉・油糍〈ユウシ〉」が見えるほか、慶長八(一六〇三)年刊の『日葡辞書』にも「Abura ague, Abura ague mono(油揚、油揚物)」「Aburairi(油熬)」が登場することから、戦国末期には油揚が料理法の一つに数えられていたことが窺われる。

ただし近世初頭に刊行された『料理物語』には、芳飯(飯の上に五色の具を載せ汁をかけた料理)の汁などに用いる昆布の油揚や、鯛を焼いて豚の脂で揚げる鯛の駿河煮が、やはり南蛮料理として紹介されている。さらに牛房を煮て擂鉢で擂ったものに餅を加えて丸め、ゴマ油で揚げて砂糖を加えるゴボウ餅の記述もある。この時期には油で揚げる料理が徐々に浸透しつつあったことを示していよう。ただ肝心の豆腐の油揚は、『宗湛茶会献立日記』天正一四(一五八六)年一二月二七日条が初見で、「あげとうふ小長に切、こぶ同如にして」とあり、博多の茶人・神谷宗湛が、朝の茶会の本膳に、袱紗味噌(赤白など二種類の味噌を合わせたもの)仕立ての汁として出している。その後、元禄二(一六八九)年刊の『合類日用料理抄』には、豆腐油揚の作り方がみえ、よく搾った豆腐にお茶一服を混ぜて黒ゴマの油で揚げ、これを熱湯で油抜きし、うすダレで煮込むとよいとしている。

そして一七世紀末頃には、豆腐の油揚が一般化したようで、明暦二(一六五六)年刊の『世話尽』三、釈教之話には「油挙之豆腐」が見える。さらに元禄一〇(一六九七)年刊の『本朝食鑑』では、豆腐を平たく切って水気を去り、ゴマ油かカヤ(榧)油で揚げたものを油揚と称しており、醬油で煮ると美味しく、とくに僧家で好んで賞味されているが一般でも広く食されるとしている。なお禽油(鳥油)を用いる場合もあり、これは美味だという。また同時期の『茶湯献立指南』巻七では、九月二六日晩の献立例に「雁油あげだうふ」が登場し、風味がことのほか良いとしている。

ちなみに室町末期には上演されていた狂言『つりきつね』は、猟師と老狐のやり取りを描いた難曲であるが、狐獲りの罠の餌に仕込まれたのが、若いネズミの油揚であった。老狐はその香りに勝てずに、結局、餌に手を出して罠にかかってしまうことになる。ネズミは狐の好物で、誘惑の香りとして油揚が演出されたことになる。やがてネズミは豆腐に変わり、五穀神である稲荷の神使としてネズミを追い払うキツネに豆腐の油揚が供えられるようになるのは、おそらく近世に入ってからのことだろう。

いずれにしても豆腐の油揚は、近世後期には庶民の好物となった。先の『〈江戸町中〉喰物重宝記』には、「油揚品々」を扱う山王町の春日屋長右衛門のほか、「無類本胡摩揚豆腐」を売り物とした牛込の丸屋治郎兵衛や「本胡麻揚所」を名乗る飯田町の桔梗屋善兵衛などの店が掲載されている。さらに『塵塚談』上巻には、元文二(一七三七)年生まれの作者・小川顕道が二〇歳頃のこととして、一〇歳くらいの貧民の子が「あぶら揚売童」として、提籠(さげかご)に油揚だけを入れて売り歩いていたという話が紹介されている。一八世紀後半には、油揚が都市民の身近な存在になっていたのである。

なお現在でも北陸一帯では、豆腐とともに油揚の使用量が高い。とくに福井県は、ガンモドキとを合わせた支出額は、全国一位の座を二〇年以上占めているという。その理由は、全国有数の真宗王国で、開祖・親鸞の忌日にちなむ報恩講が盛んなためとされている[森他：二〇一七]。報恩講をはじめ盆や正月その他の冠婚葬祭時の料理のなかでも、タンパク質が豊富で味の濃い油物が、とくに美味しく感じられるのだろう。

飛龍頭とガンモドキ

油揚の同類に飛龍頭とガンモドキがあるが、両者に微妙な違いがあるので、史料に基づいて検討してみよう。まず幕末の『守貞謾稿(もりさだまんこう)』後集巻之一食類「豆腐」には、「京坂にて「ヒリヤウズ」、江戸にて「ガンモドキ」と云」とみえ、豆腐を搾って牛房のササガキや麻の実などを加えて油で揚げるという解説があるが、飛龍頭がガンモドキと同じ豆腐料理になるまでには、かなり複雑な変遷があった。

飛龍頭に関しては、天明七(一七八七)年の序で、江戸参府中のオランダ人からの聞書集『紅毛雑話』巻二に「油揚の飛龍頭は、ポルトガル〈国の名〉の食物なり(中略)ひりうづは彼国の語のよしなり」とみえ、粳米粉と糯米粉各七合を水で練り合わせて茹で上げ油揚にするという製法が紹介されているが、肝心の豆腐が使用されていない。そもそも近世初頭の成立にかかる『南蛮料理書』の「ひりやうすの事」にも、糯米の粉を蒸して練り、玉子を加え擂って成形し、油で揚げ濃い砂糖の液に浸してコンペイトウ(糖花状にした砂糖)をかけた南蛮菓子として紹介されている。その語源は、ポルトガルの菓子フィロウ(ス=複数形:filhó, filhozes)で、小麦粉と油を用いた薄いケーキとされている[岡田:一九七九]。

その後、元禄一〇(一六九七)年刊の『和漢精進料理抄』「和 汁之部」一一月の項に「ひりやうす」では、豆腐と山芋を擂り合わせ、これに麻の実・キクラゲ・ゴボウの繊切りを混ぜて油で揚げると記されている。この頃から飛龍頭に豆腐が用いられ、砂糖が欠落するようになったものと思われる。さらに注目すべきは、同書「唐之部」に見える「豆腐巻」で、材料としては豆腐に擂り混ぜるのが葛粉に変わっているだけであるが、最後に油で揚げたものを醤油で味つけしている点が重要で、今日の飛龍頭を思わせる料理となっている。ここでは語源となったポルトガルの菓子であるフィロウスよりも、内容的には中国料理の「豆腐巻」に近いものであったとすべきだろう。

実際に飛龍頭は長崎に伝来した中国の卓袱料理の一つで、明和九(一七七二)年刊の『卓子料理仕様』では、「飛龍子(ひりうづ)」が「油物類」として、はも(鱧)・玉子・赤貝の繊切り・ゴボウ繊切り・キクラゲを用いた料理となっている。さらに豆腐料理の集大成である天明二(一七八二)年刊の『豆腐百珍』一九「ヒリョウヅ」には、豆腐を基本とし麻の実・ゴボウ繊切りを加えた飛龍頭の定番的な料理法が記されており、その製法が定着したことが窺われる。しかも「ヒリウヅ、一名を豆腐巻ともいふ」という一文があり、飛龍頭は、中国の「豆腐巻」が原型であったことが知られる。おそらく日本では油を用いる料理法自体が少なく、フィロウスも飛龍頭もともに油で揚げた異国料理であったことから、名称と内容に関して混同が起こり、ポルトガル風の南蛮菓子としてではなく、豆腐料理として広く定着した中国の卓袱料理に、飛龍頭の文字が宛てられたとしてよいだろう。

いっぽうでガンモドキも、豆腐料理ではなく、鳥類の濃い味を擬した精進料理の一つであった。国学者・山岡浚明(まつあけ)が一八世紀後半に編んだ百科事典『類聚名物考』飲食部二餅・造菓子の「糟鶏(そうけい)」の項では、酒粕(さけかす)を用いてニワトリを煮凝りとした中国料理だとしている。もとは五山の禅僧たちがコンニャクを細く切って薄醤油で煮たもので、「俗に云ふ雁賽(雁擬)がんもどきの類なるべし」と続けているが、すでに南禅寺金地院でも知らず、今は絶えてしまった旨が記されている。なお糟鶏の語はすでに一四世紀の『庭訓往来』に点心の一つとして登場しているが、その実態については不明とするほかはない。いずれにしても味の濃い雁を思わせる精進料理をガンモドキと称したに過ぎず、豆腐料理とは限らなかった点に留意すべきだろう。

すでに元禄七(一六九四)年に成立した立羽不角の前句付高点句帳『うたたね』には、「僧の喰名に罪祓ぬ雁もどき　玉皁」とあるが、これも内容については不明とするほかはない。あくまでも雁みたいな味のする擬き料理の意で、今日の飛龍頭のような豆腐料理として登場するのは一八世紀半ばのことである。寛延元(一七四八)年から寛政九(一七九七)年頃の成立と推定される『料理秘伝記』には「雁もとき」が見え、豆腐に小麦粉を加えて擂り、麻の実とゴボウの繊切りを混ぜ油で揚げるとしており、飛龍頭とほぼ同様の料理法が記されている。

そもそも精進料理のうちでも、栄養価の高い豆腐はもっとも好まれた食材であったが、これに麻の実やゴボウ・キクラゲなどを加えて油で揚げ、さらに煮込んで味をつけるという手の込んだ飛龍頭が、南蛮料理をきっかけとし中国料理を参照して考案された。つまり豆腐に味を含ませて油で揚げた美味な料理で、これは僧侶たちの知恵の結晶であった可能性が高く、おそらく伝統的な寺院の多い京坂での工夫であったろう。もともと基本的に一七世紀頃までの料理文化の中心は西の京坂にあり、料理書の多くも京坂で作成された関係からか、飛龍頭が主で、ガンモドキと表記したものは少ない。

おそらく豆腐料理としては、飛龍頭の方が先で、やがてガンモドキとなった。近世も終わりに近い嘉永三(一八五〇)年に成立した考証随筆である『皇都午睡(こうとごすい)』(みやこのひるね)は、大坂で生まれて後に江戸に移り住んだ西沢一鳳の作であるが、その三編中「食物の異名」に、油料理の解説として「油揚を胡麻揚、飛龍臼を雁もどき」と記した。ガンモドキと飛龍頭の間には、若干の懸隔とそれぞれの変遷の違いがあったが、近世を通じて近付き合い、一八世紀に入って同じような豆腐料理となり、東西で呼び名が異なったのである。

六条豆腐

ところで豆腐作りはかなり手間がかかるため、一度に作った豆腐を保存する技術が重要で、とくに乾燥を利用したものに六条豆腐と高野(こうや)豆腐とがある。六条豆腐は、六浄・鹿茸とも書く。製法は、豆腐を薄く切って塩をまぶし、長時間陰干しして水分を抜いたもので、かなり堅くなる。これを削り焙って食べたり、椀種にもするほか、精進料理ではカツオ節の代用としても使われる。なお沖縄にも、六条豆腐の一種と思われるルクジューがある(二一四頁以下参照)。

まず文献的に古いのは六条豆腐の方で、初見は戦国期の公家・中院通秀(なかのいんみちひで)の日記『十輪院内府記』文明一六(一四八四)年五月一二日条と思われ、勝仁親王(後柏原天皇)御所での月次連歌会終了時のこととして「献有り〈貝・六条〉」とある。つまり六条豆腐は当時最高レベルの文人たちが宴会の肴として楽しんでいた豆腐であった。

さらに京都臨済宗寺院、相国寺の鹿苑院主が書き継いだ『鹿苑日録』には、天文一三(一五四四)年三月二日条に「龍雲より茶卅袋来、六條五十丁来」とみえ、龍雲から茶とともに六条豆腐を五〇丁も貰っているほか、慶長六(一六〇一)年五月二日条では、斎つまり精進料理の一品として「六條」が添えられている。鹿苑院に六条を贈った龍雲も、おそらくは禅僧で、精進料理を中心とした僧房に六条の作製技術が蓄えられていた可能性が高く、そこから貴族たちへと供給されたのであろう。

その製法については、寛永一三(一六三六)年の写本『料理物語』精進物の部に、豆腐料理として「とうふろくでうに」(豆腐六条煮)が見える。また同書万聞書の部には「六でう」の製法に関する記載があり、適当な厚さに切った豆腐を、濃い塩水に入れて煮た上で、串に刺し干して作るとしている。さらに貞享元(一六八四)年に刊行された山城国の地誌である『雍州府志』には、灰を盛った板に紙を敷き、その上に薄く切った豆腐を並べて水気を去り、これに少し塩を塗って陰干しして作るとある。そして、これを刻んで酒に浸して食べるとする。形と色が漢方で用いられる鹿の袋角である鹿茸に似ているので六条と称するが、一説には京都六条の人が作り始めたともいう。ちなみに正保二(一六四五)年刊『毛吹草』の諸国の名物・名産には山城国に鹿茸が見えるが、これは漢方薬のそれではなく六条豆腐としてよいだろう。

さらに元禄八(一六九五)年刊の『本朝食鑑』にも製法の記載はあるが、ここでは、より詳しい延享三(一七四六)年刊の『黒白精味集』下巻八のものを示そう。「ろくぢやうの法、豆腐一ちようのまま四方より塩多く付、入物にいる。軽き押を置て、二日斗おし、其後四つにわりて、串の先に胡麻の油を付、とうふをさし日に干す也」とある。ここでは強く塩をして圧力をかけ二日おいていることから、この間に発酵が進むと考えられる。これと同類と思われる沖縄のルクジューは発酵を強調しているが、六条豆腐の旨味もまた発酵によるものだろう。

また正徳三(一七一三)年序の『和漢三才図会』造醸類の豆腐六条の項には、夏の土用に作るといい、これを削って羹や汁にかけると、その味は花ガツオに劣らず、僧家では佳肴として好まれている旨を記している。夏という気候も発酵を促す時期にあたっており、花ガツオのような旨味が醸しだされたのであろう。さらに堅豆腐の皮で作った偽六条が出回っているが、これはニガリが多くて有毒なので食べるべきではない、としている。夏季に乾燥という方法を用い、独自な旨みをもった保存食としている点が興味深い。

その後『豆腐百珍続編』佳品二八「腐乾」には、「俗に六条といふ」として『和漢三才図会』と同様の記述があるが、末尾には「一種高野山にて製する腐乾あり」として、豆腐一丁を金網に藁を敷いて弱火で炙り、これを乾かした後に削って食する旨が紹介されている。なお『本草綱目啓蒙』では高野山の氷豆腐の漢名を「腐乾・豆腐乾」としているが、これらは、乾燥させた豆腐の中国的な名称を紹介したものだろう。ただし六条豆腐と高野豆腐は、単に脱水度を高めた中国の「豆腐干」(二四頁参照)よりもはるかに堅い。なお最近まで、山形県岩根沢地方(西村山郡西川町)では六浄豆腐が市販されていたが、現在では製造が休止されている。これに関しては、京都六条から湯殿山・月山に来た旅の修験者が伝えたとされており、湯殿山あたりでも食されていたことが窺われる。

高野豆腐

この六条と対極に位置するのが高野豆腐で、凍豆腐(氷豆腐・凍み豆腐)とも呼ばれ(一八一頁以下参照)、寒中に冷気にあてて凍らせ、さらに乾燥させて作る。ただし凍み豆腐・氷豆腐のうちには、乾燥という過程を省いて一晩凍らせただけのものもある。凍豆腐に関しては宮下章氏による大部な研究書があり[宮下:一九六二]、歴史的な論及もなされてはいるが、史料的には問題が多い。しかも、これをそのまま踏襲している論考も少なからず存在するので、該当史料を再検討しておきたい。その発生については、近世以前の史料には見えず、いくつかの伝説が存在するにすぎない。

まず伝承としては、高野山のある子院の小僧が豆腐を外に置き忘れたところ、翌朝にはかちかちに凍っており、それを溶かして食べたら美味しかったので、この製法が定着したという話が知られている。ただ、これではあまりにも漠然としていたためか、その発明者を建保五(一二一七)年に高野山第三七代検校となった花王院覚海(かくかい)とし鎌倉期に遡るとする伝承が生まれた。さらに覚海の発明したのはいわゆる一夜氷りの豆腐で、これを乾燥させた今日の高野豆腐を考案したのが、豊臣秀吉の信用を得て高野山の復興に尽くした木食応其(もくじきおうご)であったという話も伝わっている。しかし、これらの伝承を裏付ける史料はなく、宮下氏は当該地域の研究者からの伝聞だとしている。さらに武田信玄や上杉謙信が関係したという伝承があるが、史料的根拠は示されていない〔宮下：一九六二〕。ただ基本的には戦国末期から近世初頭頃に登場したものと考えてよいだろう。

また宮下氏は、近世初頭の『料理物語』『毛吹草』『和漢三才図会』『紀伊続風土記』に、「高野豆腐」が見えるとするが、これにも問題がある。まず『料理物語』であるが、寛永一三(一六三六)年の写本のうち、精進物の部豆腐には見えないが、万聞書の部「こほりこんにやく(氷蒟蒻)」の項に、「よくにて　そのまゝ雪にあて候へば　しねんにこほり候也　とうふも同事也」とある。ただし同書寛永二〇(一六四三)年の刊本では、万聞書の部「氷ごんにやく」にほぼ同様の記述があるほか、青物の部の「たうふ」の項に「こほり」が書き加えられている。この時代には、蒟蒻や餅などと同様に、冬季の冷凍という保存法が豆腐についても採用されていたことがわかる。

この凍豆腐が高野山の特産であったことは、往来物の一種で慶安三(一六五〇)年の奥書を有する『貞徳文集』下一三〇に収められた猿子(ましこ)大膳太夫頼秀が高野方金剛院に宛てた一〇月七日付の書状から窺われる。その冒頭に「御威厳の氷豆腐一筥(はこ)給候」と見え、高野山から猿子氏に氷豆腐が送られたとしており、高野山の氷豆腐が贈り物として重宝されていたことが窺われる。

しかし「高野豆腐」という名称そのものは、近世前期には見当たらない。次に江戸初期の俳書『毛吹草』は、寛永一五(一六三八)年の序文を有し、正保二(一六四五)年などの刊記を有するもののほか、微妙に版を変えて出版が繰り返されている。このうち紀伊名産の末尾に「豆腐」の記載があるのは寛文二(一六六二)年本のみで、他本には一切豆腐の記載が見当たらない(補注4)。ただし無刊記本などの松前名産にみえる「干豆腐」については、これを宮下氏が指摘するように凍豆腐と考えてよいだろう。

さらに正徳二(一七一二)年序の『和漢三才図会』には、自らが刊行した杏林堂版のほか、承応四(一六五五)年刊と思われる岡田三郎右衛門などによる五書肆連記版や、これを補刻したという文政七(一八二四)年版などがあるが、刊記不明のものが多い。ただ管見の限りでは同書に「高野豆腐」という記述を確認できなかった(補注5)。しかし「高野豆腐」という表記は別としても、先の『貞徳文集』から、この時期に凍豆腐が高野山の名産であったことに疑いはない。

その製法について、元禄期の『本朝食鑑』は、穀類「豆腐」の項に「凍豆腐」を紹介しており、豆腐を片に切って竹籃(たけかご)に入れ、寒夜に屋外に出しておくと、糸瓜を乾枯したような状態になって堅く凝る。これを陽にさらして干し、煮て食べるとある。なお先にも触れたが(一一九頁参照)、『本草綱目啓蒙』「豆腐」では「コゴリドウフ」を「和州高野の名産なり」としている。さらに天保一〇(一八三九)年に完成した『紀伊続風土記』巻四五には、「高野名産の氷豆腐を調て山上山下諸国に売弘むるもの山上数十軒あり。三冬より初春に至て昼夜其の家業を励む」とあるほか、巻五七にも「数十軒の凍豆腐屋ありて数十万の凍豆腐を鬻ぐ」と記されている。さらに天保九(一八三八)年刊の『紀伊国名所図会』三編巻五「時候」(章扉図版参照)は、「雪ちりかゝる頃より(中略)寺々の兒子・奴僕等、折々の暇に氷豆腐製りて」と記し「氷豆腐製する図」を掲げている(補注6)。

むしろ「高野豆腐」の名称が定着するのは一八世紀後半頃からのことである。天明二(一七八二)年刊の『豆腐百珍』尋常品一二の「凍とうふ」の項に、「高野とうふともいふ」とあるほか、文政二(一八一九)年刊の『精進献立集』にも「かうやとうふ」の料理が散見する。さらに嘉永六(一八五三)年の成立で、京坂と江戸の事情に詳しい『守貞謾稿』後集巻之一食類「氷豆腐」では、氷豆腐を「京坂にてカウヤ豆腐とも云ふ」と記している。さらに最近は、播州の高野でも多く作り京坂に出荷しているが、この場合には「タカノ」と読むとしている。いずれにしても高野豆腐が広く各地に出回るようになるのは、一八世紀後半以降のことだろう。ちなみに播州の高野豆腐については、幕末に門田村(兵庫県多可町)の森脇定治郎が高野山に赴いて、その製法を学び帰郷して製造販売を行い、この地域の農間余業として発達をみたという[脇坂：一九七四]。

六条が夏の炎天期の乾燥を利用したのに対し、高野豆腐は冬の寒冷期の凍結という気象現象を用いて、それぞれ豆腐の保存法として僧家で発達をみた。そしてともに保存のみならず豆腐そのものの食感も大いに変化したことから、格別な豆腐加工品として、広く製造され食用とされたのである。

第6章

『豆腐百珍』のこと

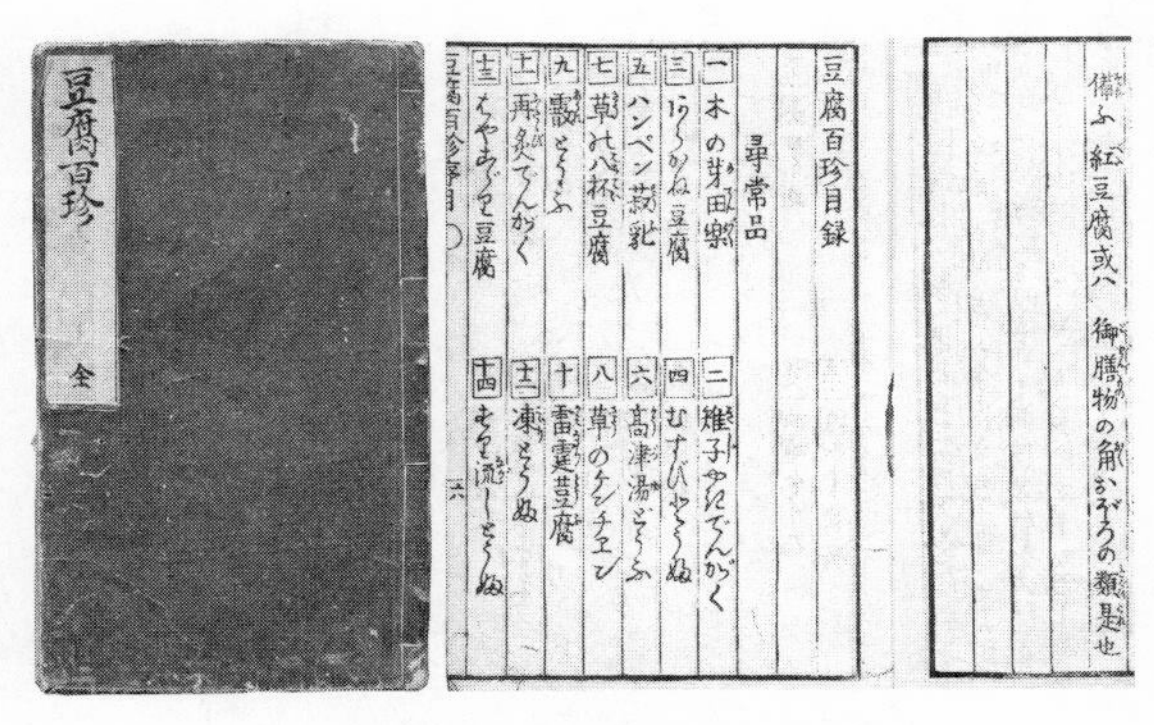

『豆腐百珍』表紙と本文(128 頁)

天明の大飢饉と『豆腐百珍』

天明五(一七八五)年八月、奥羽を旅した菅江真澄(すがえますみ)は、陸奥国津軽郡森田村(青森県つがる市)付近での見聞として『楚堵賀浜風(そとがはまかぜ)』に次のように記した。

村のこみちわけ来れば、雪のむら消え残りたるやうに、草むらに人のしら骨あまたみだれちり、あるは山高くつかねたり(中略)こはみな、うへ死たるものゝかばね也。過つる卯のとし(天明三年)の冬より辰の春までは、雪の中にたふれ死たるも、いまだ息かよふも数しらず(中略)あやまちては、夜みち、夕ぐれに死むくろの骨を踏み折、くちたゞれたる腹などに足ふみ入たり。きたなきにほひ、おもひやりたまへや。

天明二年、奥羽および畿内・九州の凶作に端を発した天明の飢饉である。翌三年には浅間山の大噴火を契機に冷害が全国を覆い、気象異変による凶作は同四年、五年、六年と続き、七年には全国的な飢饉騒擾を惹き起こした。とくに東北での惨状は凄惨を極め、相馬藩での見聞録『天明救荒録』には、姉は妹の、母は子の肉を削ぎきって食したという話が収められている。

こうした食人記録には注意を要するが、東北全体での死者は少なくとも三〇万人以上と推定されている［菊池：二〇〇〇］。

このような近世の飢饉は、その契機が気候や自然災害による凶作にあったとしても、農民たちを悲惨な飢餓状況に追い込む構造的要因は、米の収奪を基本とした租税システムと藩主たちの対応にあった。凶作とでもなれば、大名貸を行っている米商人たちは、高騰する米相場をにらんで貸し付けた大金の返済を迫る。このため飢餓状況にある領内からは大量の米が江戸・大坂に廻米され、農民たちへの米納強制による米穀の不足は米価の高騰を招いた。さらに藩主たちは、自国米確保のため穀留（こくどめ）と称して領外への持ち出しを禁じたから、米の入手は困難となり、いきおい食料の奪い合いが激しくなって、貧民たちの食料事情は苦しい状態に追い込まれた。

まさに死に直面するような飢餓的状況が、地方では広汎に展開していたが、江戸や大坂に暮らす人たちは、まったくの別世界に暮らすがごとくであった。俳諧師の作と思われる随筆『老の長咄』によれば、相州六浦の金沢称名寺の長老は、天明の飢饉に際して次のように語ったという。

> 人びと凶年なりといはるれども、我はさは思はず。近年百姓の身持を見るに、甚の奢なり。すべて農民はわらにて髪をむすび、手鼻をぞ打かみいたすべきを、さはなくして髪ゆひに

結はせ、半紙などをふところにし、あまりなる事ゆへ、毎度異見致せどもきゝいれず。今度は是天の御異見なり。げに有難き事ならずや。若し来年にいたり、豊作にてもあらば、また〳〵奢りの心にもなるべし。せめては五、六年も不作にてありたし

まさに都市の繁栄は、農村からの米の収奪によってもたらされていたが、それは上層の都市民には当たり前のことと認識されていた。さらに同書は「何国の山里浦々にいたりても、とうふのなき所はなし」と記した上で、旗本であったと思われる老人・紀迪の「豆腐に一ツの難あり、せめて一てうに銀五匁程せよかし、そのあたひの下直なるこそうらみなれ」という贅言を書き留めている。豆腐一丁は五匁(約七〇〇〇円:補注3)くらいした方が良いとしており、かなりの誇張とは思われるが、階層による金銭感覚の相違を示すものといえよう。

このような農村と都市における社会状況と食生活の現実の落差のなかで、この時代の料理文化を象徴するような形で登場したのが、素材を豆腐だけに限って一〇〇種類の料理法を記した『豆腐百珍』であった。それは大飢饉が前兆を見せ始めた天明二(一七八二)年五月のことで、好評をもって迎えられ、浅間山噴火二ヶ月後の翌三年九月には、その続編が刊行されている。こうした前提には、豆腐は値段が安く誰もが入手しやすい点と、味そのものが淡泊でさまざまな料理法が可能となる点が挙げられるが、この時代の料理文化の特色を象徴する画期的な料理本

であった。

構成と内容

そこで具体的に『豆腐百珍』の内容と構成についてみてみよう。書名は題簽・内題ともに「豆腐百珍」で、著者については「浪華　醒狂道人何必醇（かひつじゅん）　輯」とあるが、必醇としては他に著作はない。まず表紙見返しには、「淮南清賞」と豆腐を讃える書が掲げられ、次に鼎子（ていし）九なる人物の序文「豆腐百珍引」が隷書で収められている。続いて豆腐料理店と覚しき建物の並ぶ某神社の境内を俯瞰した図と、「ふちや」（おそらく祇園二軒茶屋の藤屋）の店頭で女性が豆腐田楽を焼いている図（上図版参照）の二葉が挿入され、これに凡例および目録が続く。

「ふちや」の店頭で女性が豆腐田楽を焼いている図（『豆腐百珍』）

そして本文にあたるのが、豆腐の料理法一〇〇種類を記した部分で、料理別に格付けが行われ、尋常品二六・通品一〇・佳品二〇・奇品一九・妙品一八・絶品七という六つの品格に分けられている。ちなみに、こうした品格分けは、後にみるように篆刻家であったと考えられる作者・曽谷学川の性格に関連している(一三八頁以下参照)。学川の著書『印籍考』では、蒐集した印籍を「正品・絶妙品・能品・奇品・精巧品」に分けているといい〔水田：一九八一〕、この品格分けを料理本に適用したことが窺える。

なおメインとなる豆腐の料理法については次項に譲り、とりあえず構成上の特色についてみておけば、とにかく豆腐を楽しむために、料理法のみならず豆腐に関わる知識を披露している点にある。たとえば料理法を解説した上で、巻末には、「豆盧子柔伝」「豆腐異名」「豆腐集説」と題して、和漢の典籍から豆腐に関する記事が集成されている。これが後に触れるように、料理本『豆腐百珍』の大きな特色となっている(一四三頁以下参照)。

いずれにせよ、こうした内容をもつ料理本が、天明の飢饉と呼ばれたような食料事情のなかで、圧倒的な人気を以て人々に迎えられた。これを物語るように、奥付の広告通り翌天明三年九月には『豆腐百珍続編』が板行されるに至った。『豆腐百珍続編』は、正編と構成はほぼ変わらず著者は同じく醒狂道人で、漢文の豆腐讃と孫大雅の五言詩から始まり、『七十一番職人歌合』から「豆乳めせ寧良より上りて候」の一文を引いて、女性が豆腐を料理する図、料理屋らしき図、江州目川の豆腐田楽を売る茶店の図といった三葉の図版、および大坂の俳人・二斗庵(山川)下物の序文が並ぶ。ついで目録が付せられ、正編と同じく尋常品から絶品までの六等品に分けた豆腐料理法一〇〇種が記されているほか、「豆腐百珍附録」として三八品の豆腐料理名が追加されており、巻末には「豆腐雑話」と題して、和漢の典籍から豆腐に関する記述が集められている。

さらに天明八(一七八八)年八月には『豆腐百珍余録』が公刊されている。しかし後に述べるように、これは正続の付け足しのようなもので(一三七頁参照)、作者も異なり、百珍といっても四〇種の豆腐料理を示すだけにすぎない。つまり正続・余録を足し合わせても厳密には三〇〇珍とならず、この三書で紹介された豆腐料理法は二七八種ということになる。しかし豆腐料理名だけを羅列したものが五四品目挙げられているから、三三二品目の豆腐料理が知られていたことになる。

なお『豆腐百珍続編』には、「作腐家新品目」なる一丁が綴じ込まれた版もある。ここには「紅とうふ・加色腐・しべ菽乳・華様腐・花須腐・花王腐・尾上焼」などといった三五の豆腐料理名を紹介した上で、次のような一文を添えている。

> 右の品目は近来、大坂の上町・天満・同市場その他、処々にて製し売る所也。各其このみに随ひ、新製日に出て、益妙なり。其便の家にて沽ひ需むべし

これに関しては『守貞謾稿』後集巻之一食類「豆腐」に、「近年、三都ともに細工豆腐などゝ号け、豆腐に種々の製をなす物あり。鰻蒲焼の模製等は片豆腐に紫海苔を皮とし、油を付け焼きたる形容、真の如く、味も亦美也」という記述がある。まさに『豆腐百珍』に登場してくるような豆腐料理や、さまざまな工夫を凝らした豆腐が実際に売られていたことになろう。『豆腐百珍』が先か、細工豆腐の方が先か明らかではないが、豆腐に手を加えて付加価値を高め、これが商品として買い求められるような状況が生まれていたのである。

すでに豆腐の料理法については、『渡辺幸庵対話』宝永六(一七〇九)年九月一〇日条に、「三浦壱岐守明政殿料理数寄にて豆腐を三十六色に料理して此名を歌仙豆腐と付られたり」とある。もともと豆腐をさまざまに料理して楽しむことが行われていた。いずれにしても『豆腐百珍』という料理本の登場は、豆腐という食品が、当時の人々に幅広く愛されていたことを示している。

『豆腐百珍』にみる豆腐料理

ここでいくつか『豆腐百珍』正続・余録にみえる豆腐料理を紹介しておこう。まず正編冒頭の尋常品は一「木の芽田楽」で、大きな盤切(桶)に湯を入れ、そのなかで豆腐を切り串にさして温めたら、すぐに引き上げて火にかけて焼く。味噌には木の芽はもちろん醴を加えると良いとしている。さらに近年では、田楽を焼くために考案された陶製の田楽炉が発売されており、これは座敷での客の接待によいとしている。

次の二「雉やき田楽」は、狐色となるまで焼いた田楽に擂り柚子を添えた煮返し醤油をつけて食べるというものである。このほかよく搾った豆腐を酒塩と醤油だけで炒りつけて擂り山椒を加えるという三「あらかね豆腐」や、よく水を搾った豆腐と同量の長芋を擂り混ぜ、これを丸めたものを半紙に包んで湯煮する五「ハンペン湯豆腐」(別称・白玉豆腐)のほか、絹ごし豆腐を湯煮して、熱葛のあんかけに芥子(からし)を添えた六「高津湯とうふ」(別称・南禅寺豆腐)といったものが続く。

さらに九「霰(あられ)豆腐」は、よく搾って賽の目に切った豆腐を笊に入れて振り角を丸めたものを油で揚げ、好みの味付けで食べる。一〇「雷豆腐」は熱した胡麻油に摑み崩した豆腐を入れて醤油をさし、ネギやダイコンおろしなどの薬味で食べるもので油の使用に特徴がある。一九「飛龍頭」はすでに製法はみたが(一一三頁以下参照)、油で揚げたものを、煎り酒(刺身の調味液)におろしワサビか、白酢にワサビの針か、田楽にして青味噌にケシを振って食べるとしている。

よく知られるのが二一「ふわふわ豆腐」で、玉子に同量の豆腐を加えて擂り合わせ、これを煮てコショウを振るとしている。また妙品の八一「真の八杯豆腐」は、絹ごし豆腐を、水六杯・酒一杯・醤油一杯で煮込んだなかに入れ、湯豆腐のようにして食べるが、ダイコンおろし

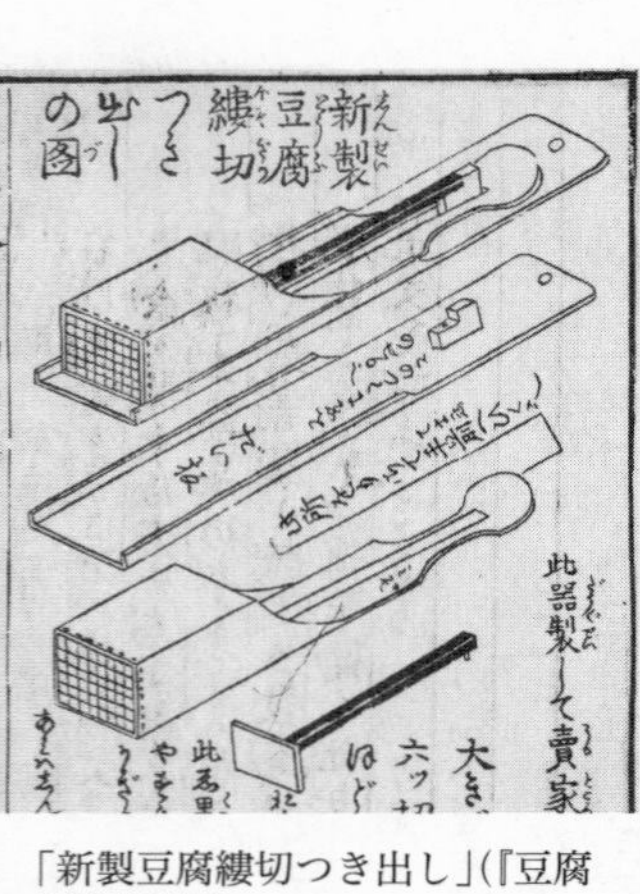

「新製豆腐縷切つき出し」（『豆腐百珍続編』）

があうとしている。また八三「石焼豆腐」は、多めの油を引いた石か焼き鍋もしくは唐鋤の上で豆腐を焼き、ダイコンおろしや生醤油で食べるという。

そして正編最後に絶品のトリを飾るのは一〇〇「真のうどん豆腐」で、予め豆腐をウドン状に切り、煮えたぎらせた鍋を二つ並べて、いっぽうの鍋に網酌子でウドン状の豆腐を盛ったまま入れて熱を通し、温めた器に入れる。これにもういっぽうの鍋から熱湯を注いで、適度な熱さを保ちながら、醤油・酒・出汁を煮返した汁に、大根おろし・唐辛子粉・微塵刻みの白葱・陳皮の粉末・浅草海苔を加薬として食すという手の込んだものであった。なおウドン豆腐は人気だったようで、続編ではウドン状に切るために市販されている「新製豆腐縷切つき出し」を図入りで紹介している（上図版参照）。

また続編の六五「腐乳」（じいは肉を意味するが、豆腐じいは豆腐のエッセンスの意か）では、白酒に麹を混ぜて臼で搗き、さらに紅麹と粉サンショを入れたものに、水分を抜いて中骰に切った豆腐を入れ二〇日ほど漬けおくとしている。これは沖縄の豆腐餻に近い（二一三・二一四頁参照）。

さらに続編付録の二三「鮓煮」は、オカラとイワシを四、五層ほど交互に敷き詰め、これに醤油をひたひたに入れ、酒をさして煮込んだ料理である。

さらに余録の三五「湯葉巻き豆腐」は、広湯葉に醤油を打ち、細かに揉み砕いた海苔を一面に振りかけ、海苔の上によく搾った豆腐を全面に塗りつけ、これを巻いて蒸し上げ、小口に切って食べるという。こうしたおいしそうな豆腐料理が、正続・余録で実に計二七八種も紹介されており、実にさまざまな工夫によって、豆腐が楽しまれていたのである。

その出版と展開

『豆腐百珍』正続・余録の出版過程はかなり複雑であるが、どのように社会に受け容れられたかをみていきたい。『豆腐百珍正編』には同一版本ながら、奥付だけが異なる四種類のA〜D本が存在する。詳論は省くが、これらを丁寧に比較していくと、次のようなことがわかる[原田：一九八〇]。

まずA本(国立国会図書館白井文庫本など)は、大坂高麗橋一丁目の書物所である春星堂・藤屋(北尾)善七によって、最初に上梓されたことがわかる。次にB本(岩瀬文庫本)は、京都に販売網を広げ、京都の書肆・西村市郎右衛門と中川藤四郎が加わっており、それは『大坂本屋仲間記録 出勤帳』第一巻から天明二年一〇月八日と推定される。そして翌三年九月になると、さらに江戸の山崎金兵衛を加えたC本(静嘉堂文庫本など)が刊行されている。さらに『豆腐百珍続編』には、やはり奥付・版元名の異なるa本・b本がある。

これらの奥付から判断すれば、正編C本の発売と同時に、続編a本(東京大学総合図書館本など)が大坂・京都・江戸で同時に発売されており、このことは『〈享保以後〉大阪出版書籍目録』と『〈享保以後〉江戸出版書目』からも確認される。

ちなみに続編については、すでに『豆腐百珍正編』の奥付に、「豆腐百珍続編　全壱冊　近日出来」の広告があるほか、正編の凡例末尾にも、とくに秘法とされる「紅豆腐」については、「後編」に名前だけを出すとしており、正編刊行時に後編(＝続編)の構想がほぼ固まっていたことが窺われる。つまり天明二年のA本は大坂のみであったが、同じくB本では販路に京都を加え、翌三年になるとC本で江戸の書店を取り込んで、続編a本と一緒にセットとして販売網を広げ、その後続編b本も刊行された。

さらに正編D本(国会図書館本)では、京都河内屋藤四郎のほか江戸須原屋茂兵衛他七店と大坂河内屋藤兵衛が加わり、この後に「大坂心斎橋筋馬喰町角河内屋茂兵衛板」と彫られている。この本は板木の摩滅が著しく、近世末期に版権が藤屋から河内屋に移動して、大量に印刷されていたことが窺われるが、とくに江戸の書肆が多く名を連ねており、江戸を最大の市場として販売されていたことがわかる。なお続編b本にも、江戸の大手書物問屋・西村源六が加わっており、江戸が売れ筋となっていたことを窺わせる。

さらに興味深いのは『豆腐百珍余録』の刊行で、もともとは全く別の『豆華集』という本であった（補注７）。『〈享保以後〉江戸出版書目』によれば、『豆華集』は風狂庵東輔（とうほ）という人物の撰で、『豆腐百珍正編』刊行後の天明二年一二月に江戸の花屋久次郎を版元として出版されている。さらに翌三年には、これに出版大手の西村源六が関与して、重版に至ったことが窺われる。

つまり『豆華集』は、すでに江戸でも好評を得ていたが、『豆腐百珍』正続で成功を収めた大坂の藤屋善七が、これに眼をつけた。天明四年に藤屋は、この版権を買い取り、正続に近い体裁を整えて『豆腐百珍余録』と改題し、京都の西村市郎右衛門・中川藤四郎を巻き込んで、三点セットとして刊行することにしたのである。

その際に彼は、巻頭にあった風狂庵の自序と末尾におかれた「はつれ雪」の料理法と「白川豆腐」など二〇品目の料理名を削り、計四〇種の豆腐料理法を本文とした。そして「淮南百珍余賞」と題する田楽豆腐屋の図版と自ら序文を添えている。さらに江戸で出版された『豆華集』の版権を買い取ったことを公言し、その内容は粗雑ではあるが、これを『豆腐百珍余録』として刊行するのも、また「東（あづま）（江戸）の風流」だと述べている。「東の風流」とは単なる皮肉ともとられるが、それを余録として商売利用する大坂商人の逞しさが窺われる。こうして大坂で刊行された『豆腐百珍』が、やがて京都へも進出を果たし、さらには江戸にまでも販路を拡大し正・続・余録として、全国に多くの読者を獲得したのである。

作者の性格

ところで料理本といえば、一般に作者には料理人が想定されようが、『豆腐百珍』はこの辺の事情を全く異にする。そこで正編・続編の作者とされる醒狂道人何必醇について考えてみよう。これに関しては、すでに森銑三氏が考察を加えており、『典籍作者便覧』雑家には儒者で篆刻家の「曽 学川」(曽谷学川)の項に、「名は之唯、字は応聖、読騒庵と号す、忠介と称す、大坂の人、本業儒家なれとも印刻に高名なる故、爰に出す(中略)豆腐を好みて工に煮分くるを楽みとす」とあり、彼の著作として「豆腐百珍 一、全(同)後編 一」と見えることを指摘している[森：一九七二]。

学川の墓は大阪市天王寺区の浄土宗潮待山天然寺にあるが、木村敬二郎の『〈稿本〉大阪訪碑録』に収められた学川の墓碑銘には「応聖京人也」とある。その代表作として『印語纂』『印籍考』などが記されているが、ここには『豆腐百珍』の書名が見当たらない。ただ篆刻や書に詳しい水田紀久氏によれば、学川の自筆遺稿『曼荼羅稿』が大阪市住吉大社の御文庫に残されており、これには後人の筆で学川の略伝と著述目録が添えられ、その末尾には「応聖氏一時戯作」として「豆腐百珎 一巻」「百珎続篇 一巻」が挙げられているという[水田：一九六六]。

さらに水田氏は、『豆腐百珍』板下の筆跡は、学川の自筆遺稿と全くの同筆だとしている〔水田：一九八二〕。やはり『豆腐百珍』正続は、儒者で篆刻家でもあった曽谷学川の戯作と見なして間違いはないだろう。

しかし大坂本屋仲間の出版物出版許可の控帳である『〈享保以後〉大阪出版書籍目録』には、天明二(一七八二)年および三年の出版書として、『豆腐百珍』(正編)と『豆腐百珍　続編』が見えるが、ともに「作者　浅野松蘿坊(高麗橋一丁目)」「板元　藤屋善七(高麗橋一丁目)」としている。そこで曽谷学川と浅野松蘿坊との関係が問題となる。これについては、作者・浅野松蘿坊と板元・藤屋善七の住所がともに高麗橋一丁目となっている点に注意すべきだろう。

実は『豆腐百珍』板元の春星堂・藤屋善七は、本名を浅野弘篤といい、その実子・林蔵は学川にとっての娘婿にあたる。そして学川を浪華に迎えたのも藤屋善七であり、安永四(一七七五)年版『浪華郷友録』作印家によれば、学川の住所も高麗橋一丁目となっている。つまり学川としては、作者の公的な届け出を、さすがに醒狂道人何必醇とするわけにもいかず、かといって戯作に本名を公表する気にもなれなかった。そこで密接な関係にあった板元・藤屋の本姓である浅野を借りて、浅野松蘿坊としたのであろう。

さらに学川が本名を避け、戯作としてペンネームを用いたことについては、もう一つの別の要因があったと思われる。それは全てを学川のオリジナルとは見なし難い点である。学川は、学問上は、儒学を折衷学派の片山北海に学ぶとともに、篆刻は高芙蓉から教えを受けて、その高弟となった。片山北海は、儒学と詩文の教授で身を立て、大坂最大の詩文結社ともいえる混沌詩社(こんとんししゃ)を興した。社友には、頼春水(らいしゅんすい)・細合(ほそあい)半斎・木村蒹葭堂(けんかどう)・尾藤二洲(びとうじしゅう)などがおり、儒者のほか医師・武士・商人など幅広い文人たちが集まった。菅茶山や中井竹山なども出入りし、曽谷学川や浅野弘篤もメンバーに加わっていた。彼らは、詩会や研究会のあとで、おおいに仲間内の飲食を楽しみ、同志的な連帯意識を育むとともに、さまざまな情報交換を行っていた。

先にも述べたように、学川の『豆腐百珍』正続には、豆腐に関する和漢の記事が豊富に列挙されているが、これらをすべて学川の知識とすることはできまい。寛延二(一七四九)年刊の『料理山海郷』「氷豆腐」の記述は、『豆腐百珍』一二の「凍(こごり)とうふ」とほとんど同文で、学川がこれを引いたことに疑いはない。こうした借用は当時としては当たり前のことで、すべてが学川のオリジナルと考えることはできない。和漢の文献引用などについても、他人からの教示をうけたものも少なくはなかっただろう。

混沌詩社同人などとの酒宴で、おそらくは肴として供された豆腐についての議論も興り、これに関する知識を披露し合ったものと思われる[原田：二〇二二]。学川は、そうした食い倒れの地・浪華での論議を記憶に留め、藤屋善七つまり浅野弘篤などの意見を聞きながら、彼なりの構想のもとに『豆腐百珍』正続を完成させたと考えるべきだろう。『豆腐百珍』の構成は、先にも述べたように、学川の『印籍考』の品格分類に似て、ともに料理と印文を集めて品評し、その分類を一つの眼目とするもので、こうした類聚精神と鑑賞眼の高さこそが、学川の優れた資質だったと指摘されている［水田：一九八二］。

評判と特質

すでにみたように『豆腐百珍正編』は、大坂から京都・江戸へと販路を広げ、予定通り『豆腐百珍続編』も刊行されて好評を得た。まず当時の随筆類から、その評判についてみていこう。文政一二（一八二九）年頃の話題を集めたとされる大郷信斎の『道聴塗説』第一八編には「豆腐の百珍」の一項がある。

> 俗に菽乳を食ふ人は果報多しといふ。余が如き歯のなき者は、果報はいさしらず、此淮南の一味を佳珍とす。都下の盛、むまき物は数々あれど、老後にさとりを開き見れば、此一味の妙品に止る。春もやう〳〵長閑に成行けば、木芽田楽・海胆田楽を始として、鶏卵・交趾（筆者注・以下同：胡麻油に唐辛子味噌味）・浅茅（薄醤油の付け焼きに梅味噌を塗り罌粟を振る）・阿漕（醤油で煮染め胡摩油で揚げ味噌を付けて焼く）等の田楽、花下の一興に供すべし、百珍の一書は久しく世に行はる。

この頃還暦手前であった信斎は、すでに虫歯老人となっていた。そうした彼にとっては、そのままでも十分に美味い豆腐ではあるが、これに唐辛子味噌や梅味噌を塗り、油で揚げたり罌粟を振るなどの創味工夫が嬉しかったのだろう。さらに天保年間（一八三〇～四四）以降の成立とされる青葱堂冬圃（せいそうどうとうほ）の『真佐喜のかつら』にも、次のような一文がある。

> 浪花醒狂道人が著せる豆腐百味と云書弐冊あり。是は豆腐一色を弐百余品に料理する法書なり。予見るに至て奇也。我初老の頃より歯を煩ひ早く抜たるもあり。残れるもゆるぎてかたき物は何にても食せざるが故、平日豆腐をこのみ、浪花の大医緒方洪庵老、其事を知りて彼書を送る。製しやう珍重すべき物なり。第一価の賤しき故、おのづから節倹之道に叶ひぬ。其製数品なれば略、予好処二品を記す。

として、湯豆腐と真の八杯豆腐とを紹介している。歯が悪く堅い物が苦手で豆腐を好んで食していた冬圃は、緒方洪庵から『豆腐百珍』正続を送られ、そのいくつかを試食していた。歯が悪かった老人たちにとって豆腐は絶好の佳味であった。ちなみに谷崎潤一郎は『豆腐百珍』の料理をすべて作らせ味わったという。

『豆腐百珍』の手柄は、何よりも豆腐一品に限って数多くの料理法を紹介した点にある。これは豆腐が滋味に富みつつも安価で身近な料理素材であり、かつ自由な味付けが可能であったことに大きな理由があった。それまでの料理書は、さまざまな食材を用いて季節ごとの献立や、その調理法さらには料理作法などを紹介するものが主流で、一つの食材しか扱わないということはありえなかった。その意味でも画期的な料理本であったが、あくまでも料理そのものを楽しみの対象とするとともに、読み物としての性格を強く持っていた点に最大の特色がある。これを端的に物語るのが、正編・続編の巻末に掲げられた豆腐に関する文献集成である。

たとえば正編では、まず『豆盧子柔伝』の全文がおかれるが、これはすでに第2章で紹介したように(三六頁以下参照)、豆腐の由来を記した珍書で、入手にはかなりの労苦を要したものと思われる。次の「豆腐異名」では「菽乳・豆乳・淮南佳品・小宰羊・黎祁・方壁」が挙げられている。そして「豆腐集説」には、『清異録』『本草綱目』『物理小識』などの漢籍から豆腐関係記事を抜き出し、和書としては、古方医の大家・香川修徳の『一本堂薬選』続編「菽乳」からの引用を行っている。さらに続編巻末の「豆腐雑話」では、元(げん)の程渠南や伊藤仁斎の七言絶句、『七十一番職人歌合』、北村七里という俳人の狂歌、『水滸伝』の記述、笠原玄蕃という詩人の狂詩などの古文を引きながら、多くの豆腐関係史料を提示している。

そして末尾では、明(みん)の許鐘岳斉重(きょしょうがくさいじゅう)が著したという『素君伝』(素君は豆腐の異名)については、陳良の『広諧史』第八巻に引かれているはずだが、著者の閲覧した『広諧史』は悉くこれを欠いているので、後日、完本を得て追補したいとしている。ともかく巻末には、あらゆる角度から豆腐に関する知識が並べられており、いわば豆腐スノッブを標榜している。つまり『豆腐百珍』を読めば、二百三十数種の豆腐料理のみならず、豆腐に関する知識を手にすることが可能となる。これは『豆腐百珍』が、豆腐料理を舌で味わうというよりも、知識を駆使して頭つまり観念の上で料理を楽しむという性格の料理本であったことを意味している。

このような傾向は、すでに寛延元(一七四八)年に刊行された『〈料理〉歌仙の組糸』に見ることができる。同書は一二ヶ月の料理献立を各三例ずつ計三六例並べただけの料理本で、料理を口にしつつ同好の士との語らいという楽しみを強調している。また『豆腐百珍続編』に序文を寄せた山川下物の料理本『献立筌』は、古典に題材をとって、知的な想像力を必要とするような見立て献立を並べている。まさに視覚と知覚に訴えて料理を楽しもうとしたのである。こうした料理に対する時代風潮が『豆腐百珍』登場の下地を築き上げたのだといってよいだろう。

『豆腐百珍』と「百珍物」

いずれにしても『豆腐百珍』が正続・余録と好評を博したため、これにあやかろうとする動きが出版界に生じた。『豆腐百珍』の京都での販売を請け負った書肆・西村市郎右衛門は、天明五(一七八五)年、食材を一品に限った〝料理秘密箱〟シリーズ五点を一気に刊行した。『鯛百珍料理秘密箱』二巻二冊、『〈新著料理〉柚珍秘密箱』一巻一冊、『〈諸国名産〉大根料理秘伝抄』二巻二冊、『大根一式料理秘密箱』一巻一冊、『万宝料理献立集』上巻一冊、『万宝料理秘密箱　前編』五巻五冊である。これらが、大部なシリーズものとして同年七月ほぼ一斉に出版された。

このうち『万宝料理献立集』の目次には「卵百珍目録」とあるが、玉子を用いた料理法にはあまり触れられていない。むしろ『玉子百珍』と称するにふさわしいのは、『万宝料理秘密箱　前編』であるが、巻末には川魚料理が付加されている。なお『万宝料理秘密箱』二編は寛政一二(一八〇〇)年の出版でさまざまな魚貝料理が紹介されている。このシリーズだけで、鯛・柚子・大根・玉子の四つの百珍ものが揃ったことになるが、いずれも一〇〇には及ばない料理法を紹介するだけにすぎない。書画も添えられず、品格分けもなく、文献の紹介も行われていない。百珍の風格としては『豆腐百珍』にはるかに及ばない。

また『大根一式料理秘密箱』には著者名がないが、すべて器土堂(きどどう)の手になるものとしてよいだろう。器土堂は、おそらく京都の専門料理人のペンネームで、料理に関する知識や技術は非常に豊富に示されている。そして『万宝料理秘密箱　前編』には、このシリーズの次のような広告文が掲載されている。

尤、五通りとも、御所持被成候へば、少も残る所なく、且つれ〴〵の御伽(おとぎ)にも相成、又は御進物に被成候て、甚珍敷重宝なる書にて、魚るい、精進を分ち候へば御寺方への、御進物にも相成、風流の御方は、平生の御なぐさみにも、相成べき書なり。

つまり、このシリーズは実用的でもあるが、贈り物としても最適で、会話のネタとしたり、読み物としても楽しめることを強調している。

これ以外にも「百珍物」としては、寛政元（一七八九）年九月刊の珍古楼主人編の『甘藷百珍』がある。これは後続の「百珍物」のうちでも、料理の品格分けが行われているほか、末尾でわずかながらも甘藷関係の文献にも触れ、『豆腐百珍』への質的接近が試みられている。さらに寛政七（一七九五）年八月に鱗介堂主人編『海鰻(はも)百珍』が、弘化三（一八四六）年七月には嗜蒻陳人編『蒟蒻百珍』が出版されている。ただ『海鰻百珍』は品格別ではなく部位別の分類で、巻頭に少し和漢の文献紹介はあるが、『蒟蒻百珍』には一切付録がなく、代わりに序文で『物理小識』に触れるのみである。料理秘密箱シリーズには、こうした配慮は一切みられないが、他の「百珍物」には、形式的ながらも素材に関する知識欲が多少は垣間見られる。

このほか天保四（一八三三）年の序を有する『〈太平恩沢〉飯百珍伝』は、『都鄙安逸伝』の改題本で、大蔵永常編の『〈日用助食〉竈(かまど)の賑(にぎわ)ひ』と同じ内容を有する。いずれにせよ救荒(きゅうこう)書で、「飯百珍」を名乗ってはいるが、米の食い延ばし法の記述が中心となっている。むしろ「飯百珍」の名にふさわしいのは、先にも触れた『名飯部類』二巻二冊で、「尋常飯(ただごとめし)」「諸菽飯(まめめし)」「菜蔬飯(なめし)」のほか「鮓の部」など一一部に分けて、さまざまな飯料理を紹介している(一〇八頁参照)。なお『鯛百珍料理秘密箱』寛政七(一七九五)年版には、『長芋百珍集』の広告が見えるが、出版された形跡は見当たらない。

　これらの「百珍物」は、すべてが豆腐同様に味付けが比較的自由な食材である点に共通性がある。いずれにせよ料理の対象を一品に限って、これを知的に楽しもうとした『豆腐百珍』は、かなり画期的で格調の高い料理本で、後続の「百珍物」が及ぶところではなかった。これは著者・曽谷学川の知識と見識によるものであるが、やはり豆腐という素材を選んだことが大きかった。豆腐には、古代中国以来の技術と知識が込められていると同時に、安価で美味しく万人に親しまれた食品だったためだろう。

第７章

豆腐の近代

大正期に導入された動力式の石臼
(『豆腐読本』)(157 頁)

『豆腐集説』

明治七(一八七四)年に成立した『豆腐集説』は、近世以来の豆腐技術の達成を示すと同時に、近代における豆腐の出発点となった書物である。つまり豆腐技術は、手工業的には、近世にすでに一種の頂点に達しており、豆腐の近代は、そこから如何に化学的あるいは機械的に進歩を遂げるか、というところに大きな課題があった。このため豆腐の近代を語るには、『豆腐集説』という書物をきちんと押さえておく必要がある。

この本の著者は、当時屈指の蔵書家として知られ、大事業『古事類苑』の編纂にも携わった博覧強記の国学者・榊原芳野(一八三二〜八一)であった。この頃、榊原は文部省に出仕し、編書課長・西村茂樹の下で、『小学読本』六冊や『文藝類聚』八巻など数多くの教学書を執筆していた。そして明治七年『豆腐集説』から豆腐部分を抄録して「教草卅(おしえぐさ)　豆腐一覧」を、「教草廿九　褐腐(こんにゃく)一覧」とともに博覧会事務局から刊行している。これは明治六年のウィーン万国博覧会に際して設けられた部局で、「教草」は殖産興業の一環をなすテキストとして発行された[桑原：一九七七]。

まず『豆腐集説』の概要をみておこう。岩瀬文庫所蔵本は、墨付三五丁で一五の彩色図が半丁単位で添えられている［大沼：一九八〇］。まず「名称」から始まり、日本および中国の文献にみえる豆腐の呼称を紹介し、次に「創業」として淮南王劉安の話から始まって、日本でどのように食されてきたかを記す。そして本草の教えなどを「気味」として説き、さらに「産地」「品類」「形状」を示した後、「造法」として図を加えながら解説した上で、油揚などの「別品造法」に触れ、最後の「食法」でさまざまな豆腐料理を紹介している。そして末尾には「所出書目」を掲げた上で、ここまでが明治五年に成ったとし、「作腐家片桐寅吉口授」として調査対象者を明示している。

さらに「豆腐皮」つまり湯葉に関する記述が同様のスタイルで続き、この部分が明治七年の追加であること、そして同じく「腐波工関根茂兵衛」からの口授である旨が記されている。豆腐にせよ湯葉にせよ、文献を渉猟すると同時に、それぞれの現場職人からの聞き取りを実施し、専門の絵師の手になる挿画を付している。『豆腐集説』は小冊子ながらも行文は簡潔にして的確で、充実した内容となっている。同時に成った「褐腐一覧」のほか、榊原には、先の二著に加えて、「太古史略」「単語書取指南」や大槻文彦との共著「色図釈」といった教学関係書がある。また「髤譜（きゅうふ）」「染色史略」「蒔絵集成」といった著書があり、飲食関係としては明治六年成立の『醤油集説』のほか［桑原：一九七七］、成立年不明の『沙糖集説』がある。

本来の任務と考えられる教学関係書は別としても、榊原が髤（漆器）・染色・蒔絵といった工

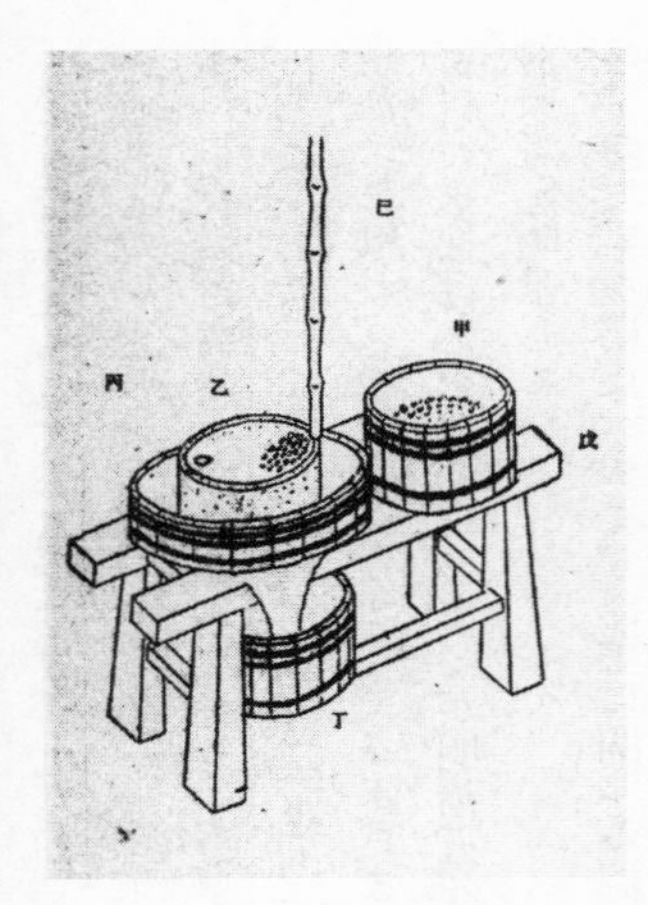

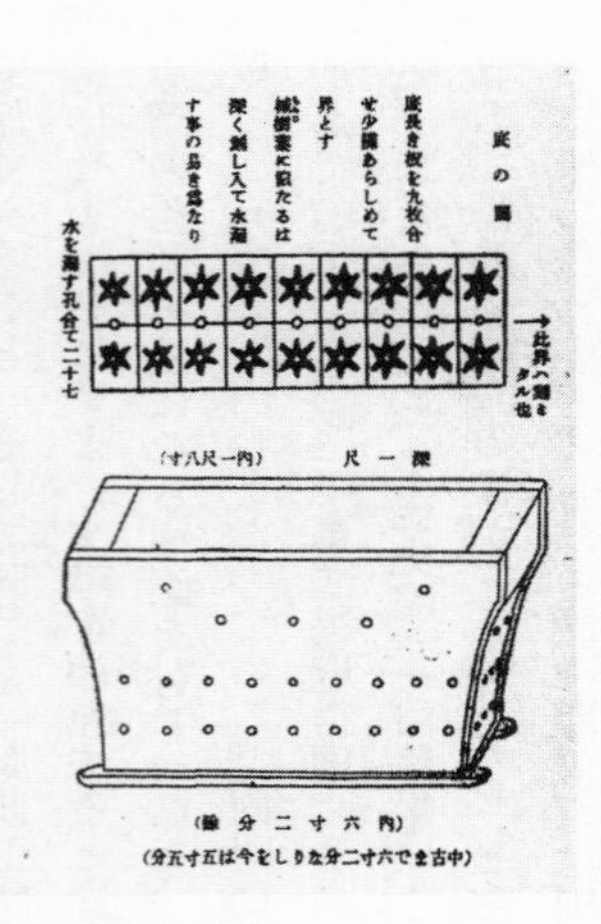

『豆腐集説』に見る旧来の豆腐製造道具

芸、さらには豆腐・褐腐（蒟蒻）・醬油という食品に関する詳説を重ねたのはなぜだろうか。おそらく下命ではなく、テーマに関しては課長の西村との合意はあっただろうが、博物学的嗜好の強い榊原にとって、技巧を重んずる職人技の到達点を、あたう限り正確に記録しておきたいという意志が優先したのだろう。広汎な文献と職人からの採集によって、過去の知恵と技術を過不足なく記録しておくことが、「教草」として殖産興業の基本になると判断したものと思われる。

まさに『豆腐集説』には、そうした旧来の豆腐製造の技術レベルが留められており、これを具象化するために、豆腐の製造道具が図示されている。昭和一七（一九四二）年に全国豆腐商業組合連合会が翻字を影印出版した上野図書館蔵本には、右頁のような図を見いだすことができる［大沼：一九八四］。これらの碾臼や豆乳桶・豆腐槽などは、江戸以来、豆腐製造作業が機械化される以前までは、どこの豆腐屋でも長く使われてきた道具であった。ちなみに生呉や豆乳を加熱した時に生ずる泡についても、すでに廃油に石灰を混ぜた高酸化油を着けた竹筅（たけざさら）で釜を一攪すれば簡単に除泡できるという技術が確立されていた。この泡消しの技術は、一般の豆腐屋レベルでは戦中期まで変わらず［大堀：一九四三］、継承されていた技術であった。

ただ豆腐の代名詞のようなマークとしての紅葉については（八五頁参照）、この型を深く刻み付けることで水抜きが容易になると指摘しているが、近代に入ると紅葉マークは次第に姿を消していった。このように『豆腐集説』に書き留められた豆腐製造技術は、近世までの集大成であり、それはそのまま近代の出発点ともなったのである。

明治・大正期の変化

明治維新という政治改革の下、文明開化が謳われ西洋化が進行して、大都市には西洋料理店も立ち並ぶようになったが、日常的な食生活の基本は簡単には変わらなかった。したがって豆腐屋の形態も、明治に入ってもほとんど変化はなかった。ただ殖産興業・富国強兵のスローガンのもと近代化が進むと、急速な都市化が進行し、都市生活民が大幅に増加した。豆腐は庶民にとっても、安価で栄養価の高い食品であったから、都市部において豆腐屋の数は急増した。とくに日清・日露戦争期を中心に産業革命による工業化の影響で、変質・解体する地方農村から都市部への流入民が急増すると、大都市の一部にスラム街が形成されるようになった。

つまり無職・失業者・低所得者が裏長屋などの木造小家屋(平均三坪程度の住居空間)に密集し居住する空間が出現したのである。四谷鮫河橋(さめがはし)(新宿区)・下谷(したや)万年町(台東区)とともに、東京三大貧民窟と呼ばれた芝新網町(港区)について、明治三〇(一八九七)年の報知新聞に連載されたルポルタージュ「昨今の貧民窟――芝新網町の探査」(『明治東京下層生活誌』)には「北七番地の豆腐屋中島屋は安売りなりとてこれまた繁昌せるが肝心の豆腐は一丁と纏まりて買う者少なく最も能く売れ行くは雪花菜なり。彼らが非常に窮せし時はこれを粥に混ずるが常なり」とあり、貧民街にも豆腐屋があって、とくにオカラが重宝されていたことがわかる。

また日本資本主義の負の象徴ともいうべき大正一四(一九二五)年刊の『女工哀史』の賄い献立にも豆腐が登場する。東洋紡績の前身・大阪紡績の古い時代の夕食は、「焼豆腐、香々」「揚豆腐、香々」が副菜となっているが、その味噌汁は特注した糠味噌仕立てで、汁の実は菜っ葉以外の場合は、実が入らないことも珍しくなく、香々は三ミリほどの大根の輪切り二切れだったという。また大正一一(一九二二)年の東京某工場の場合では、朝と昼・夜中に「豆腐汁と沢庵」が、夕食に「豆腐豚汁、沢庵」が見え、ここでは汁だけは「注ぎ食ひ」として自由盛りであったが、終わりの頃に行った者は実の無い汁しか残らなかったとしている。その量はともかく、貧しい女工たちの食膳において豆腐はメインのご馳走とされていたのである。

ただ同書によれば、大正八（一九一九）年の東洋紡績一七工場の場合で、一人分の平均必要経費七銭八厘六分六毛のうち、豆腐経費は九分二毛だったとされている。この年の豆腐一丁の値段が米騒動で値上がりして前年の倍の四銭となっているから［週刊朝日編：一九八七］、月平均で一人分に費やされる豆腐の量は一丁の五〇分の一強に過ぎなかったことになる。そして女工が一日に徴収される食費はだいたい九銭だったという。ご馳走とはいっても、普通は味噌汁にほんの少し申し訳程度に豆腐が入っていただけなのだろう。

こうした工場での集団給食は、すでに明治末から大正期にかけて始まっていたが、学校給食・病院給食は、戦後からのこととなる。しかし集団的な需要が出現したことに疑いはなく、とくに都市には食堂や宿泊施設も増加し、外食の機会も多くなって、豆腐の需要は近代化が進むと間違いなく高まった。しかし豆腐の製造システムには大きな変化がなかったことから、その生産増大を支えたのは、人的補充を伴う小規模な経営拡張と店舗数の増加であったと考えられる。なお後にみる沖縄の事例と同じように（二〇〇・二〇一頁参照）、地方の豆腐屋の場合には兼業的要素が強かったものと思われる。ただ都市の豆腐屋は基本的に専業で、その日に作った豆腐を捌くために、町々を売り歩いたと考えてよいだろう。

こうした売り歩きの豆腐屋といえば、〝豆腐屋のラッパ〟という言葉が思い浮かぶが、このラッパは明治も終わり頃からのことであった。明治四一(一九〇八)年に発表された夏目漱石の短編小説『夢十夜』第八夜には「豆腐屋が喇叭を吹いて通った。喇叭を口へ宛がっているんで、頬ぺたが蜂に螫されたように膨れていた」という一節があり、明治末年には一般化していたことが窺われる。さらに箏曲家で陸軍歩兵教導団員でもあった鈴木鼓村は、大正二年に公刊した『耳の趣味』で豆腐屋のラッパについて触れている。まず「物売の鳴物」の項に、「豆腐屋の一部が兵隊ラッパを吹くやうになつたのも、至つて近頃の事だ」と記し、同じく「豆腐屋」でも、「豆腐屋の売声に喇叭を混へるやうになつたのは至つて近頃の事だ」と繰り返しながら、遠くまで知らせたいのはわかるが、情緒的には昔の声だけの方がよかったと嘆いている。

近代以前においては「豆腐ィ」というかけ声だけであったが(八九頁参照)、軍隊でのラッパ経験が豆腐屋に、これを使用させたことが窺われる。なおラッパの供給については、鉄道馬車の廃止に伴うもので、東京馬車鉄道の乗合馬車の馬丁がラッパで行人に注意を促していたが、明治三六(一九〇三)年に東京電車鉄道に変わった段階でラッパが不要となったので、豆腐屋に流布するようなったとする説もある[大河内:一九五二]。由来としては兵隊ラッパ説に傾くが、供給源に関しては乗合馬車説が有力だろう。いずれにしても、その流布は日露戦争の頃と思われる。

ちなみに、この頃の豆腐屋での売り方について興味深い外国人の観察がある。明治二二(一八八九)年に来日したイギリス公使夫人のメアリー・フレイザーは、『英国公使夫人の見た明治日本』に同年五月のこととして「豆腐売りは、チーズのようなものの大きな厚い切れを切り分け、お客の持ちかえり用にと、緑の葉に包んでいます」という一文を残している。これついては、江戸後期の『ほまち畑』に西原文虎(ぶんこ)の句「蕗の葉に豆腐をくるむやや寒に」があるから、おそらく蕗の葉で、その緑には白い豆腐が映えたことだろう。

道具と原材料の変化

豆腐作りの主な工程は、先にみた『豆腐集説』に記されたとおり近世と全く同様で、明治に入ってもとくに変わるところはなかった。従って、その道具も、桶・笊・石臼・布袋・オカラ搾り天秤棒・木製の型箱などで、同じような手作業が行われていた。ただ大正期頃になると、手で碾いていた石臼に変化が見られ、石臼をローラーで回すような動力装置(章扉写真参照)が導入されるようになった[全国豆腐連合会：二〇一四]。石臼による大豆の磨砕は、大変な労力を要する力仕事であったが、こうして豆腐製造の合理化が始まった。しかし、それ以外の道具の変化に関しては、次項にみるように戦後を待たねばならなかった。

いずれにせよ豆腐作り道具の変化には多少の時間を要したが、この頃、豆腐業界には別の変化が訪れていた。それは原材料である大豆の不足という問題であった。明治一一(一八七八)年には、大豆の作付面積は四一万ヘクタールで、収穫量は二一万トンほどであったが徐々に増加し、明治三四(一九〇一)年に同じく四七万ヘクタール・五二万トンに達し、大正九(一九二〇)年にはほぼ同じ作付面積で五五万トンを記録した。しかし以後は次第に減少へと向かい、大正末(一九二五)年には作付面積が四〇万ヘクタールを割り込み、生産量も四一万トンと低減し、戦争とともに減少の一途をたどった(「作物統計調査：大豆」、以下国内大豆の生産量も本資料による)。

これを支えたのは中国からの輸入大豆であった。満洲事変が勃発した昭和六(一九三一)年には、総輸入量が五五・三万トンで、うち中華民国が二一・七万トン、租借地であった関東州が三三・五万トンであり(『昭和6年日本貿易年表上編』)、国内生産量は三五万トンに過ぎなかった。このうち中国からの輸入大豆は、搾油に用いられるとともに、大豆粕は肥料として重用されていたが、やがて国産大豆の減少とともに、豆腐や味噌・納豆などにも輸入大豆が使われるようになった。もともと満洲は中国のなかでも最大の大豆産地で、江南・華南地方での需要を支えていたが、やがて日本へは肥料として、ドイツへは化学原料として大量の大豆が輸出されるようになり、満洲は大豆ラッシュ・大豆バブルのような活況を呈していた[安富：二〇一五]。

つまり満洲の経済は国際商品としての大豆に支えられており、満鉄と馬車のネットワークが、その流通の要となっていた。日本の満洲進出の目的は、軍事的な対露戦略のもとで、重工業の発達と開拓移民による農業政策によって総力戦のための軍需資源の供給地と化すことにあったが、その主要農産物が大豆であったことは注意されてよい。満洲国が成立した昭和七(一九三二)年の大豆輸入量は、先にみた前年よりも減少し、四七・一万トンであったが、このうち満洲国からが二六・二万トン、関東州からが二〇・九万トン、中華民国からはわずか六九トンに過ぎなかった(『昭和7年日本貿易年表上編』)。ただし関東州からの輸入といっても、ここは余りにも狭小で単なる集積地に過ぎず、前年の場合も同様に、その主な生産地は満洲だったとすべきだろう。なお、この年の国内の大豆生産量は三一・一万トンであった。とくに戦時体制下にあっては、満洲大豆が豆腐造りにも大きな役割を果たしたことになる。

戦時体制と豆腐

明治維新後、西洋的近代化に成功した日本は、日清・日露両戦争の勝利と第一次世界大戦との関わりで世界有数の軍事大国となった。そして昭和六(一九三一)年に起こった満洲事変は、同一二(一九三七)年には全面的な日中戦争へと発展し、戦時体制はいっそう強化されるところとなった。翌一三年に施行された国家総動員法に基づき、翌一四年には、経済統制策が強化され、米穀配給統制法が公布されるなど、食料のみならず生活物資も窮乏していった。そうしたなかで、豆腐業界の組織と製造法に大きな変化が生じた。

まず豆腐屋の組織に関しては、早く明治一七(一八八四)年の同業組合準則が制定されており、地方単位で豆腐の任意団体的な同業組合が結成されていたが、全国的な組織規模となるのは、戦時体制下のことであった。

すでに一九二九年アメリカの株式恐慌に端を発した世界恐慌は、翌昭和五(一九三〇)年に入って日本経済を直撃し、いわゆる昭和恐慌のなかで中小商業者の窮乏化を招いていた。そこで昭和七(一九三二)年に、政府が彼らのカルテル的権益を認める商業組合法を成立させたことから、いくつかの豆腐商業組合が地方に生まれた。そうしたなかで昭和一四(一九三九)年には綿糸の統制が実施され、豆腐作りに不可欠な濾過袋の入手は困難を極めるに至った。

このため全国にあった一三の豆腐商業組合が、その受配権獲得に動いたところ、商工省は全国の豆腐業者に対する割当を一本化するために、全国団体を至急組織するべき旨の指示を行った。これに応じて同年八月に全国豆腐商業組合連合会が設立されたのである[全国豆腐連合会編：一九七七]。また、この連合会は、濾過袋のみならず営業用品の配給事業を行うこととなり、とくに豆腐の原材料となる満洲大豆の確保にも重点がおかれた[澤：二〇一二]。この年の輸入大豆総量は八三万トン、このうち満洲からの輸入大豆は八〇・九万トンで、実に九七パーセントを占めていた(『昭和14年日本貿易月表』)。経済統制のなかで豆腐業界における窓口の一本化は、さまざまな意味で不可欠だったのである。

このように経済統制による軍事物資・生活物資の欠乏は、戦時体制下で克服すべき大きな課題であったが、とくに軍事産業においては航空機の生産が重要視され、機体に用いる軽量強化金属が必要とされた。そこで、ニガリの主成分である塩化マグネシウムが電気分解によって金属マグネシウムに変化することから、軽量で耐久性も強い航空機用のジュラルミン（高力アルミニウム合金の一種）の原料として注目された。このため国家総動員法第一九条に基づいて昭和一四（一九三九）年に制定された価格等統制令第七条を根拠とした商工省告示一三六号によって、昭和一六（一九四一）年二月一九日からは、商工大臣が「苦汁及苦汁製品」の販売価格を決定するようになった。

その後、この権限は軍需省の管轄下に移されたが、それまで豆腐凝固剤の主流であったニガリ（塩化マグネシウム）が軍用機の生産という軍需産業へと回されたことから、豆腐業界においてはその入手が困難となった。このためニガリの代わりにスマシ粉、つまり硫酸石灰（硫酸カルシウム、いわゆる石膏）を使用せざるを得なくなった。しかし、このスマシ粉による凝固は緩慢ではあるが、ゆっくりと固まるため、ニガリを用いた場合ほどの熟練を要しない。とくに、絹ごし豆腐の製造にはニガリの調整にかなりの熟練を要していたが、この凝固法を用いると、従来の絹ごし豆腐と同じように圧縮・脱水を行わずに成形できることが判明した。さらに石膏の使用は、思いもよらないような栄養学的な成果をもたらした。

この凝固剤による製法では、脱水による廃液が生じないことから、タンパク質やビタミン類の流失がない点は絹ごし豆腐と同じであった。しかし普通の豆腐には全く含まれていないビタミンB_1については、とくに牛乳よりも一〇パーセントも多く含有されていることが、鈴木梅太郎氏らの調査によって明らかとなった〔大堀：一九四三・熊坂：一九五〇〕。しかも歩留率が普通の豆腐よりも一五パーセントも高いことから、絹ごし豆腐のように、濃いめの豆乳を必要とせず、滑らかな舌触りのよい豆腐を作り出すことができる。

こうして経済的で栄養価の高い石膏を用いた豆腐は、戦時下では健民豆腐と称され、広く推奨された。とくに戦局が厳しくなった昭和一九(一九四四)年には、全国豆腐商業組合連合会から改組した全国豆腐統制組合が、健民豆腐以外の豆腐は作らないことを農商省に建議する旨を臨時総会で採決したほどであった。ちなみに健民豆腐は、木綿豆腐と絹ごし豆腐の中間的な堅さで、かつ型崩れしにくいことから、近年においてもソフト木綿豆腐・ソフト豆腐とも呼ばれ、香川県などでは高い人気を得ている。

零細豆腐屋の労働と生活詠

戦後の豆腐屋の労働については、昭和二〇年代後半から三〇年代にかけて、大豆浸漬後の煮沸用熱源にボイラーからの蒸気が使われるようになり、地釜による焦げ付きという問題から解放された。さらにオカラ搾りについても、天秤棒に代わってジャッキが用いられ、遠心分離機も一部で使用されるようになった。また石臼がグラインダー(豆磨り機)に変わったことから、労力は大きく軽減された。このような機械化による豆腐屋の力仕事の軽減は、日本の高度経済成長期の入り口頃にようやく始まったが、全ての豆腐屋で一気に実現をみたわけではない。

一般に生活レベルの歴史については、記録として残されることが少ないが、この時代の豆腐屋の労働については珍しく史料が残った。たまたま零細な豆腐屋の青年主人が、朝日新聞歌壇の常連投稿者で入選を繰り返し、豆腐屋の労働と日々の生活を詠い続けたのである。そして昭和四二(一九六七)年の短歌とエッセイを『豆腐屋の四季――ある青春の記録』として綴り、翌年に自費出版した。これが昭和四四(一九六九)年には講談社から公刊され、ベストセラーとなった。

著者は当時三四歳の松下竜一。一一歳年下の若い奥さんとの恋愛談も絡むことから、緒形拳・川口晶の主演でテレビドラマが制作されて好評を博した。竜一は、昭和四五年には体調を崩して豆腐屋を廃業し、やがて歌作も止めたが、その後は、自然保護や平和などの市民運動に深く関わり、これらをテーマとした小説や随筆、ルポルタージュなどに多くの作品を残す作家となった。同書はまだ無名の竜一が豆腐屋時代の生活を率直に表現したもので、貴重な史料となっている。

豆腐屋仕事は、実に大変な労働であった。火を用いるので夏などは汗だくとなり、若い妻が手伝っても〈未だ明けねば胸乳曝らけてよきかと問う豆腐作業に汗噴く妻は〉というほどであった。しかもいつもうまくできるとは限らなかった。〈泥のごとできそこないし豆腐投げ怒れる夜のまだ明けざらむ〉〈出来ざりし豆腐捨てんと父眠る未明ひそかに河口まで来つ〉——温度や時間など大豆の浸漬状況や、その日の気温などによってニガリの量は異なり、混ぜ方やタイミングで、豆腐が固まりきれない時もある。豆腐屋の朝は早く、二時か三時には起きて仕事を始める。また失敗した豆腐を捨てても、豆腐を店に並べないことには商売にはならない。〈豆腐いたく出来そこないておろおろと迎うる夜明けを雪ふりしきる〉——少し遅くなっても泣く泣く、その日分の豆腐は作らなければならない。

いっぽうお盆などの需要が多い時期には、売れすぎて豆腐が不足する。慌てて増産するが、急いで浸漬が不充分だと豆腐がうまく固まらない。個数を読み誤って多く作りすぎると、また廃棄しなければならない。パック包装などなく、まだ冷蔵庫が広く普及する以前には、その日その日に作って売り切る商売であった。〈残りにし豆腐に注ぐ水ひと夜音立ててやまずせせらぎの如〉——売れ残った豆腐は、一夜流水にさらして保存し、翌日厚揚にして売るが、これも残れば総菜として自分で食べるほかはない。〈豆腐売れぬ春の補助にと我がひさぐ桜造花は我にまばゆき〉——冷や奴にも湯豆腐にもむかぬ三月から梅雨の季節は、豆腐の売り上げが落ちるので、副業に手を出さざるをえない。それゆえオートバイで豆腐を広く売り歩くが、意外なこともある。〈田植にて村の豆腐屋休めりと聞けば遥けく売りに我が来ぬ〉――村の豆腐屋が田植で休むと、そのテリトリーへ売りに出るのである。この歌は、村の豆腐屋が兼業であったことを明快に物語る史料でもある（一五五・二〇〇頁参照）。

　松下家は、祖父の代から豆腐屋を営んでいた。昔ながらの手作業であったが、やがて近代化の波に洗われ始める。石臼で浸漬した大豆を碾き、竈（くど）に据えた地釜で豆乳を煮ていたが、竜一の代で豆磨機を購入し、石臼は不用となったので豆腐箱の重石へと転用した。さらに豆腐箱にはジャッキ式の装置が使われるようになり、重石も不用となったが、機械文明になじめぬ竜一は、これを導入せず重石を積み重ね続けた。このため父は、この作業中に脳溢血で転倒した。そして〈豆乳を煮る薪折りて焚く深夜棘（とげ）せし小指は細き血を引く〉と竈を使い続けてきた竜一は、これを壊してボイラーを据え、バーナーを使い始めた。昭和四七（一九七二）年のことで、これによって労働時間は大幅に短縮された。

　ただ〈豆乳二斗の沸く泡消すと大しゃもじふるいつつわれ汗みどろになる〉と江戸時代から用いられている消泡剤も使わず、竜一は泡をシャモジで取り除いていた。また凝固剤の変化への対応にも気をつかった。すでにニガリが手に入りにくくなっており、スマシ粉（硫酸カルシウム）を用いていたが、これは固まり方が柔らかいので、油揚には適さない（一九頁参照）。このため竜一は、油揚用には塩化カルシウムの水溶液を使っていた。これがニガリと同じで傷ある指を浸そうものなら激痛が入ったという。〈虫すだく狭庭の甕に汲む深夜にがりはいたく指傷に沁む〉、自分の仕事にこだわろうとすると、豆腐屋は厳しい職業であった。

その上、週刊誌などでは、安いマスプロ豆腐(充塡豆腐)が紹介される。竜一の店では老父と妻と三人がかりで一日やっと二百余丁ほどの豆腐を作り一つ二五円で売るが、大手の豆腐産業は、生産にマスプロ方式を採用し、流通はスーパー方式に乗って、日産三万丁を生産し一丁一〇円で販売する。記事を読んだ竜一は不安に襲われる。しかし結局は〈マスプロの豆腐に怯え寂しけど爪剪りて浄き豆腐造らん〉〈零細の豆腐屋淘汰さるべしと読みしを妻に秘めて働く〉と詠うほかなかった。さらに〈腰痛を訴えに来し我がからだ豆腐臭しと医者に云われぬ〉という状態で、豆腐作りの重労働は、腰痛と坐骨神経痛を悪化させた。まさに竜一は、こうした豆腐業界の近代化の巨大な波に呑まれ、豆腐屋の廃業を決意したのである。

豆腐業界の変化と現状

ここで改めて豆腐業界における戦後の変化と現状を概観しておこう。昭和二〇(一九四五)年の敗戦と同時に、朝鮮などの植民地や満洲国への支配力を失った日本は、海外における穀物類の輸入元を断たれた。この年は全般的に凶作で大豆の国内生産量は一七万トンに過ぎず、輸入は満洲からの三七・一万トンのみであった。そして翌二一年に、生産量は二〇万トンに回復するが、輸入大豆はアメリカから送られた三四〇〇トン余にしか過ぎなかった。その後、国内生産量は、農業政策や貿易政策の変化によって増減を繰り返すが、やがて輸入大豆はアメリカ産がほとんどを占めるようになった(「作物統計調査：大豆」・『自昭和19年至昭和23年日本貿易年表上編』)。

その後は大豆の消費量が激増し、令和四(二〇二二)年現在では、国内生産量は二四・三万トンに過ぎないが、輸入大豆が三五〇万トンと大幅に上昇し、そのうちアメリカが二五七万トンで七三パーセントと大部分を占め、これにブラジル・カナダが次いでいる(「大豆をめぐる事情」令和五年度版)。そして令和三(二〇二一)年段階で、日本の大豆総需要量三五六万トンのうち、二八パーセントにあたる九九・八万トンが食用とされ、その四六パーセントの四六万トンが豆腐の原料となっている。ちなみに、このうちには一一万トンの国産大豆が用いられており、国産比率は二五パーセントを数えている(「国産大豆の需要をめぐる動向」令和四年度版)。

いっぽう豆腐業界では、先にも述べたように昭和三〇年代頃から、グラインダー(豆磨り機)や蒸気による地釜が登場し、さまざまな機械化が進んだ。地釜には消泡剤無添加仕様のものもでき、衛生管理を徹底した浸漬槽、スクリュー式のオカラ搾り機、自動凝固成型機、流水式水晒し水槽、シール加工のできる包装機などが出現し、各工程のオートメーション化が進行して

袋豆腐

充塡豆腐

スーパーの豆腐売場

いった。このため高度経済成長期には、職人的技術に頼らずに大量生産が可能となったことから、豆腐業界へ参入する企業も増え始めた。

とくに戦後から昭和六〇年代にかけては、豊かになった経済力を背景に、消費の拡大が著しく、豆腐の需要も増えていった。もともと豆腐は日作りが基本で、保存期間に問題があったが、昭和三〇年代に入って登場した袋豆腐（充塡豆腐：一五・一六頁参照）によって解決の方向に向かった。これは冷却した豆乳と凝固剤のスマシ粉（硫酸カルシウム）を袋に同時に注入して口を結び、湯槽で加熱して凝固させるものであった。従来の豆腐よりも格段に日持ちはするが、初めのうちは不充分な点もあって、次第に改良が加えられていった。その後、昭和四〇年代に入ると、新たな凝固剤であるグルコノデルタラクトンの使用が認可された（一九頁参照）。これによって、調整の難しかった絹ごし豆腐の量産が容易となったほか、凝固適正温度が九〇度と高温だったことから、より殺菌効果が高まった。さらに角型に整える充塡豆腐の製造技術が向上し、豆乳の製造からパック詰めまで製造ラインの完全自動化によって省力化・量産化が著しく促進され、保存期間も拡大した。

そして、これに並行する形でスーパーマーケットが普及し、昭和六〇年代には全国的な展開をみたことから、これが消費者の豆腐購入場所の大半を占めるようになり、価格そのものや受注対応面においても販売業の主導力が強まった。さらに平成に入る頃から豆腐の総需要量が飽和に達し、消費量は減少局面に入った。こうした傾向は平成一〇年代にいっそう強まり、豆腐の安売り競争が激化する一方で品質の差別化が進行し、国産大豆の生産を推進する政策が採られたこともあって、高付加価値商品を製造しようとする志向も強まった［澤：二〇一二］。このような時代的な流れのなかで、資本力のある豆腐業者の力が強まり、しだいに小規模店が淘汰されていく傾向が続いた。

もともと豆腐業界は、零細な豆腐店がほとんどで、家内工業的な性格が強かった。大企業と中小企業との賃金および生産性格差を問題視していた政府は、昭和三八(一九六三)年に中小企業基本法と中小企業近代化促進法を制定した。そして昭和四二(一九六七)年の中小企業近代化促進法の改正に伴い、豆腐業界はその指定業種の一つとなった。そこで昭和四四(一九六九)年には業界近代化への基本計画・実施計画を策定するために農林省は『豆腐製造業実態調査報告書』を作成した。この報告書は、まず豆腐は生鮮食品で大量生産には適さず、家族労働を主体とした小規模の家内工業で、早朝からの一日を単位操業とする業種であると位置づけ、同法改正時の業者数は四万五〇〇〇ほどであったとしている。

こうした豆腐業界では、新規開業が容易で零細企業の競争が激しく、業者数は減少の方向にあった。また企業会計と家計との分離が不充分で、原価計算も行われない事例が多く、衛生管理の徹底化などの課題もあった。そして個人企業が七四パーセントを占め、経営者の年齢層は五〇歳以上が六〇パーセントに上るのが当時の実態であった。しかし豆腐は毎週一回以上は食卓に上る国民の常食となっているので需要は高いとし、業界として近代化を図る必要があるとしている。つまり勘と経験に頼らず機械化の導入による省力化や、企業規模の拡大・充実による合理化と新たな流通機構への対応が求められると結論づけている。

この視点には、豆腐の品質に関わる問題が抜け落ちており、消費者の味覚嗜好などが考慮されていないが、確かに大筋は報告書の示唆する方向で進んだ。他企業資本の参入もあり、高度に機械化された事業所が大量生産方式によって供給を支えたことから、平成一九(二〇〇七)年段階で、豆腐一丁(約三〇〇グラム)の値段が全国平均で八六円程度となっている[全国豆腐連合会編：一九七七]。ただし一丁一〇〇〇円を超す高額豆腐も人気を得ている。

基本的に業界の構造は、平成二六(二〇一四)年現在、総事業者三四二四ヶ所のうち、従業員数一〇人以下の事業所が二八六四ヶ所で八三・六四パーセントに及ぶが、その出荷額は全体の九・一四パーセントに過ぎず、逆に一六・三六パーセントにあたる一〇人以上五〇〇人未満の事業所五六〇社が出荷総額の九〇・八六パーセントを占めるという状況にある。ちなみに従業員一〜三人という家族的経営が全事業所の六四パーセントを数えており、構造的には従来の家内業的な業態が圧倒的多数を占めている[全国豆腐連合会：二〇一九]。

第8章

豆腐と生活の知恵

(上)豆腐チクワ(鳥取県公式サイトより)(189頁),(下)イギス豆腐(JA グループ愛媛県サイトより)(192頁)

豆腐の近代にまで筆が進んだところで、この章では各地で食べ継がれている特徴的な豆腐についてみていきたいと思う。

何度も繰り返すが、豆腐は人々にとって、自らも作り得る栄養豊かで美味しい食材だった。自ら作るといっても、その工程は単純ではなく手間がかかる。その上、どうしても欲しい時期は、盆や正月、年中行事や人生儀礼の物日などに集中する。しかも大量に必要となるため、数軒が集まって組となったりして豆腐作りが行われる。あるいは一軒の場合でも、作る時はそれなりの量を作るが、余った豆腐はなるべく保存させたいと考える。また作った豆腐は、冷や奴などのようなその場限りの食べ方ではなく、しっかりと味の付いたご馳走でなければならず、食料の乏しい地域では増量も一つの課題となる。こうした豆腐だけに、全国的にみれば、地域ごとにさまざまな種類があり、そこには風土に応じた生活の知恵が働いている。

生呉豆腐

まずは豆腐の原型かとも思われるものに生呉豆腐がある。ただ生呉豆腐というのは仮の名称で、豆乳を搾らず生呉から直接造る豆腐を指すこととする。これについては珍しく近世後期に文献史料が残っている。

文政一一（一八二八）年九月、越後の文人・鈴木牧之（ぼくし）は、信濃と越後の国境に位置する秘境・秋山郷を訪れ、同九日夕刻に小赤沢村に入った。そこで宿を借りた民家での食事について、『秋山記行』に以下のように記した。

> 宿の菜とて、汁椀に里芋・大根様のものこまかに、味噌汁にて煮たるを味ふに、其下たに、六七分位の厚き小判形り（な）の堅き灰色のものあり。我等あたりの粉な餅の如く、是必（かならず）秋山の粟餅ならんと、一口味ふに咽へ通らず、宿の男女が見る目も笑止（おか）しく、口に含しは味ひ〔たり〕。予〔が〕推量には、糠ながら挽（ひき）し粟餅ならん。（中略）桶屋（引用者注：牧之の同行者）が答には、それこそ秋山の名代の豆腐にて、大豆を浸（ほとばし）、石臼に挽（ひく）事は里に同じけれども、袋漉（こし）にもせず、売〔殻〕も取らず、其儘（そのまま）こね堅ため、煮湯に入れ、是を名附（づけ）て粉豆腐と云ふ。

牧之が食した秋山郷の豆腐は、粟餅と勘違いするほど、堅く灰色がかったもので、彼の口には耐えられなかった。この記述からは、ニガリを用いずに、単に生呉を捏ね固めて乾燥させただけのものであった可能性もある。ただし秋山郷では現在でも、正月、小正月、十二講、三夜講、庚申講、そして彼岸や盆などのハレの日に、生呉から豆乳を分離させずに、そのまま固める秋山豆腐が作られている。
その製法については、まず大豆を浸漬させ石臼で碾いて生呉を作り、これに同量の湯を加えシャモジで混ぜながら煮る。次に塩を入れたカマスの目から垂れるメダレつまりニガリを、二升の大豆に対して二合の割合で入れる。これをゆっくりシャモジで混ぜて、熱いうちに木綿を敷いた木箱に入れ、三〇分くらい重しをかけ水にさらして作るという［鈴木牧之記念館編：二〇〇八］。いずれにしても秋山郷には、生呉から豆乳を分離せず直接に豆腐を作るという伝統があったと考えられる。

このほか宮崎県椎葉村向山日当（むかいやまひあて）にも、「かすひきわり」と呼ばれる豆腐がある。これも生呉からオカラを取り除かずにつくる「おから入り豆腐」で、平家カブの青菜などの野菜を細かく刻んで入れるという［中野：一九九二］。これに関しては、すでに第二次世界大戦中の郷土食調査報告書に、宮崎県高千穂町および五ヶ瀬町の大豆食として「挽き割り」が紹介されている［中央食糧協力会編：一九四四］。これは浸漬した大豆を挽き割り、少量の水を加えて煮たところへ、茹でて刻んだ野菜を入れ、さらに煮込んだらニガリを加えて凝固させ、これを豆腐のように搾るとしている。これも豆乳は分離していないから、生呉豆腐の一種である。これらはオカラとしての大豆の目減りを防ぐとともに、青菜などによる増量を目的とした豆腐といえよう（一八七頁以下参照）。

ちなみに台湾で刊行された『中國豆腐』に収められた報告書「家鄉的豆腐」によれば、中国にも東北地方の郷土食に、生呉をから渣を除かず石膏で固めるという「小豆腐」があるが、これも同類だろう。しかも菜や肉などを加えて農民の主食や副食としている点が興味深い。

おっこ豆腐――山間地域の知恵

こうした生呉豆腐の一つにおっこ豆腐があり、岩手県久慈市の一部の山間地域に伝わる。久慈市の旧山根村地域で、途絶えつつあるおっこ豆腐の製法を聞くことができた。日當トシさん（一九三五年生）と内間木美治さん（一九五〇年生）によれば、おっこ豆腐は、生呉を直接ニガリで固めた後に、布を敷いた笊に入れて水分を抜き、重石はかけない。これはハレの料理というよりは、家で食べるために少量作るもので、戦後、食料の少なかった時期に作って食べた。大豆を擂った生呉を生カベといい、オカラを取らないのでトラズと称した。この生カベやトラズをオニギリ大にして、寒冷時にカゴに乗せて凍らせ、春までの保存食とした。なお豆腐を作った時のオカラも同様に保存した。これらを食べる時はお湯に入れて戻し、味噌をつけて食べたり、汁の実にしたという。

なお一九八〇年頃に行われたおっこ豆腐調査では、かつては久慈市のうちでも旧山形村の川井・霜畑・小国の各集落でしか食べられていなかったという。だいたい大豆一升（一・三キログラム）に対し、水四升（七・二リットル）を用いて生呉を作り、これにニガリ〇・五ccを加えるのが標準とされている。おっこ豆腐は、無駄がなく栄養的には優れているが、ボソボソとして味はよくない。現在では食べる人が少なく、老人たちが昔を懐かしんで口にする程度で、汁物・餅・油炒めなどにしたという。夏は保存が利かないので秋から春先にかけて作り、春先にはヒロッコ（野蒜（のびる））などの青菜を刻み入れた〔日本豆類基金協会編：一九八二〕。

このおっこ豆腐を伝える岩手県久慈市の旧山川村・旧山根村は、北上山地の高緯度に位置する畑作地帯であり、先の生呉豆腐の伝承がある長野および新潟県境の秋山郷も宮崎県椎葉村も焼畑地帯として著名な山村である。山村という穀類食料が窮乏しやすい状況のなかで、栄養価の高い大豆を最大限に活用する豆腐製法の一つとして、大豆を無駄なく使う生呉豆腐が工夫されたものと思われる。

そもそも岩手県久慈市一帯では、「おっこ」とは次男を意味する。豆腐になぞらえて言えば、豆乳からの精製物である豆腐を長男、オカラを三男に見立て、生呉から作ったおっこ豆腐は二番目に価値のある豆腐ということになる。このことは、おっこ豆腐の方が一般の豆腐よりも新しいことになるから、豆腐の原型とすべきではあるまい。先の『中國豆腐』でみた「小豆腐」を中国東北部に限定されるもので、現在の豆腐に直接発展したとは考えられていない〔市野他：一九八五〕。おそらく日本の生呉豆腐は豆腐の一般的製法が中国から移入され、全国に広まった後に、大豆摂取のための効率的な生活の知恵として考案されたのだと考えるべきだろう。

堅豆腐と味噌漬・燻製――保存食としての豆腐

かつて豆腐には堅いイメージがあり、荒縄で括って運んだという話をよく耳にする。現在では山間部や島嶼部などに堅い豆腐が残っており、岩豆腐あるいは石豆腐などと呼ばれている。普通の豆腐の二倍から三倍に大豆を増量して濃いめの豆乳を作り、多めに凝固剤を入れたり、かなり強く重石をかけて水分を搾り切ったりすることで堅豆腐が出来上がる。もともとニガリ投入後の凝固時に、木綿で漉して脱水をかける木綿豆腐が一般的だったが、圧縮・脱水をかけない柔らかな絹ごし豆腐が登場すると、しだいに豆腐全体が柔らかいものへと変わっていった。そうしたなかで、堅い豆腐にこだわったさまざまな料理法や保存法が受け継がれている。

堅豆腐(石豆腐)は保存性がよく、石川県白山市白峰の山下ミツ商店の話では、昔は小川などに浸けておけば一ヶ月くらいは保(も)ったが、今は食品衛生法の問題から保存期間は四日間ちょっととしている。また、同じく白山市桑島の上野とうふ店では、これを味噌漬とすれば二ヶ月は保つとして販売している。さらに富山県五箇山上梨(かみなし)の喜平商店では、堅豆腐を丸一日燻製し「いぶりとっぺ」として販売している。また岐阜県郡上市の母袋工房でも堅豆腐を用いて、この地域の伝統食である「いぶり豆腐」を製造販売し、ほかに燻製豆腐やコモ豆腐(ツト豆腐：一八五頁以下参照）も作っている。これらの地域では古くから、水田の畦で大豆を育て各家庭で堅豆腐を作っており、かつては家々の囲炉裏で燻製させていた。いずれにしてもせっかく作った豆腐を、いかに長持ちさせるかということに、人々は昔から腐心してきたのである。

九州山地南部もまた堅豆腐作りが盛んなところで、これを用いて味噌漬や燻製豆腐などが作られている。熊本県球磨郡五木村乙の五木とうふ店の味噌漬豆腐は三ヶ月くらい保つが、これも昔は、豆腐を囲炉裏の上で竹に吊して乾燥させ、味噌に漬け込んでいたという。また五木村内の五木屋本舗では、充分に水分を抜いた堅豆腐を秘伝のもろみ味噌に漬け込み半年間寝かせて、トロトロになった「山うに豆腐」を目玉として販売している。同じ球磨郡水上村岩野のたけうち食品製造でも、焙って水を飛ばした堅豆腐を五日間くらい味噌に漬け込んだ豆腐の味噌漬を製造販売している。熊本県八代市泉町の泉屋本舗でも、豆腐を焼いて水分をとばした後に、五〜六ヶ月間味噌漬にして売っている。さらに同じく坂本町荒瀬の生活改善グループ鮎帰会でも、かずら豆腐という堅豆腐のほか、これを二ヶ月ほど漬け込んだ味噌漬豆腐を販売している。

これらはいずれも、それぞれの地域に伝わってきたものを商品化したに過ぎない。ちなみに宮崎県東臼杵郡椎葉村では豆腐の味噌漬のほか、不土野の尾前豆腐店では、沸騰させた豆腐を冷まして梅ジソに一週間から一〇日ほど漬け込んだシソ豆腐を作っている。これも一ヶ月は保ち、ここではシソ漬けも盛んに行われていたという。なお先の白山市の山下ミツ商店でも季節限定の堅豆腐梅酢漬を販売している。保存のための工夫はさまざまであった。

このほか四国山地の徳島県三好市祖谷山(いややま)にも岩豆腐(石豆腐)があり、豆腐の味噌漬も作られている。同じく高知県高岡郡津野山地区には伝統食品として堅豆腐の梅酢漬が伝わっている。また長崎県五島列島や山口県上関町祝島などの島々でも堅豆腐が作られている。こうした山間部や島嶼部に堅豆腐の伝統が残っているのは、山畑や焼畑で大豆の入手が比較的容易だったためだろう。とくに堅い豆腐は崩れにくく、さまざまな料理に応用が利くという長所もあった。

もちろん長期保存を目的とした味噌漬・シソ漬や燻製には、柔らかい豆腐よりも堅豆腐の方がはるかに適している。これらの地域では、柔らかな豆腐へと嗜好を移すのではなく、あくまでも堅豆腐にこだわり続けた。これを焼豆腐として味噌を付けたり、味の濃い煮物として、さながら今日の肉のように味わうなど、さまざまな料理法を楽しんできた。充分に大豆のタンパク質を確保しながら、独自の風味を醸し出す保存法を考案してきたのは、まさに通行不便な地域に生きる人々の生活の知恵だったのである。

凍豆腐――寒冷気候の利用

豆腐の保存法として、もっとも優れているのは高野豆腐に代表される凍豆腐である。長期間にわたる保存が可能で、独特の食感を引き出しているほか、血中コレステロールを下げるレジストタンパク質を生成するという効力も有している[田村：一九九五]。ただ高野豆腐は主に関西における呼称で、関東では凍豆腐や氷豆腐と称され、信州や東北地域などで広く生産されてきた。すでに高野豆腐の歴史については第5章で触れたが(一二〇頁以下参照)、ここでは高野山以外の事例を中心に扱うこととしたい。先にも述べたように、もともとは高野山で考案された一夜氷りは、一晩外の寒気で凍らせただけで翌日に食するが、より長期間の保存を目的として数日間の熟成や乾燥が行われるようになった。

その製法については、最後の乾燥方法に違いがあり、高野豆腐は焙炉(ほいろ)や暖炉を用いて乾燥させるが、凍豆腐の場合は戸外に吊して凍結と日光乾燥を交互に繰り返すという点が異なる。長野県の高緯度地帯では、こうした乾燥法による凍豆腐作りが盛んで、古くは佐久市や茅野市が中心であった。かつては農家が冬季の副業として自然乾燥法で行っていたが、やがて専業の業者が生まれ、高野豆腐のような人工乾燥方式も採用されるようになった。さらに大量生産と品質向上のための技術開発が積み重ねられて、飯田市などに凍豆腐専門の大企業が生まれ、現在では長野県が全国生産の九〇パーセント以上を占めている。

佐久市矢島地区の信源豆腐店の話では、冬季のマイナス二度くらいの時に外に出して、ゆっくり凍(し)みらせるが、マイナス五度・六度が凍みる条件となる。天気予報をみて冷え込む夜に出し一夜だけ凍らせる。二夜かかったものは舌触りが悪くなる。また明るいうちは鳥に食べられるので出さない。湿度が高いと乾燥に悪いので、晴れている日を選ぶ。そして豆腐に水分が残らないように、凝固剤には水が良く抜ける塩化カルシウムを用いる。一晩凍らせたものを編んだ藁で棒に吊す。まず日陰で二、三日吊し、さらに日向に出して一〜二週間干すが、晴天の日を選ぶのでだいたい二〜三週間ほどかかるが、これで一年は保つという。

昔は男衆が凍豆腐を作り、女衆が藁を編んだというが、最近は編み賃が高いことが問題となっている。これに加えて冷蔵庫の普及に伴い、近年では冷凍物の食感を好む人が増えたことから、乾燥させた凍豆腐を作らなくなり、凍らせた豆腐をそのまま冷凍しビニールパック詰めで売るようになった。この冷凍物は半年ほど保つ。矢島地区では昔のように乾燥させるのは一部の自家用だけとなってしまった。

また茅野市湖東の笹原地区・白井出地区は、八ヶ岳山麓の標高一二〇〇メートルほどに位置し、凍豆腐作りに適していた。笹原地区の中島豆腐店での話によれば、もともと凍豆腐作りは、農家の冬場の副業で、凍豆腐の製造・販売あるいは乾燥用の藁編みといった仕事に集落の半分以上の人々が関係しており、諏訪市や茅野市などの町場へも売りに出るほどで、村の大きな産業であった。中島豆腐店は今も農業を営んでおり、冬場に出稼ぎに出るよりも良いだろうということで豆腐屋を始めたという。

同じく白井出地区については、『志囉井出乃阿由美』によれば（私家版：笠原地区の小林豆腐工房蔵)、厳しい寒気と豊富な清水に恵まれて、やはり凍豆腐作りが盛んであった。これは牛山梅三郎という人物が高野山へ行って高野豆腐の製法を学び、村に帰って数人に教え製造・販売を始めてから「白井出の豆腐」としての名声が高まったという。これは大正期頃のことと考えられる。しかし長野県は、もともと寒気を利用した冷凍食品作りが盛んなところで、凍大根・凍蒟蒻・凍餅なども古くから製造されてきた。白井出の牛山氏の話は、おそらく高野豆腐の大量生産技術を学び、これを導入したもので、信州における家庭レベルの凍豆腐作りは、より遡るものと考えてよいだろう。

先にも触れたように、おそらく戦国末期から近世初頭には凍豆腐作りは始まっており、比較的早い時代から信州や東北の寒冷地でも行われていたが、大量生産され都市部に出回るようになるのは一八世紀後半以降のことと思われる。ちなみに奥羽山脈東の玉造丘陵に位置する宮城県岩出山町(大崎市)の凍豆腐も著名であるが、この地域の凍豆腐作りについて『岩出山町史民俗生活編』は、天保一三(一八四二)年に斎藤庄五郎が、伊勢参宮・四国巡礼の際に奈良でその製法を学び、帰国して弟子を取って教えたことが岩出山凍豆腐の始まりだったとしている。

ただ前出の『守貞謾稿』後集巻之一食類「氷豆腐」の解説に「京坂専ら之を食ふ。江戸には稀也」とあるように、関東以北では寒冷地域の保存食に過ぎなかったが、京坂以西では盛んに利用されていたことが窺われる。こうした京坂への供給を担っていた高野豆腐の生産地は、大阪府河内長野市・千早赤阪村に属する和泉山脈一帯のほか、京都小倉山・播州丹波などであり、とくに和泉山脈では山間部に豆腐小屋を設けて生産を行っていた。ちなみに大阪府大阪狭山市に置かれた狭山藩では、幕末に凍豆腐を藩の専売制としており、収入源として期待されていた[宮下：一九六二]。ちなみに凍豆腐が全国的な展開を遂げるのは、冷凍技術が発達した近代以降のことであった。

なお凍豆腐の加工品に粉豆腐がある。これは凍豆腐をおろし金で磨り下ろしたもので、糖質が少ないわりにはレジストタンパク質やカルシウム・鉄分を多く含み、形状と色から雪豆腐とも呼ばれる。家庭でも凍豆腐をフードプロセッサーにかければ簡単にできるが、主に南信地域で好まれ商品としても発売されている。ニンジン・シイタケ・鶏肉などを炒め出し汁で煮込んだところに、粉豆腐を加えて作る炒り煮などの料理のほか、小麦粉代わりに菓子作りにも使われる。また味噌汁に入れたり、ご飯や芋類の増量材としても用いられ、一ヶ月は保つという[前本監修：二〇一五]。

ツト豆腐と菜豆腐——山の豆腐

ツト豆腐は、豆腐をそのままかあるいは崩して藁苞(わらづと)に巻き込み、これを茹でたり蒸したりしたもので、棒状となり藁の跡が形として残る。簾(すだれ)で巻く場合もある。東日本ではツト豆腐と呼ばれるが、西日本ではコモ豆腐と称されるほか、地域によってはワラ豆腐・スボ豆腐ともいわれている。煮抜いていることから、特有の弾力があり調理しやすく、肉のような食感もあるほか、多孔質となるため汁の含みもよく、煮染め料理などに用いられる。また保存性もよく五日くらいは保つ。地方ではハレの料理で、冠婚葬祭や盆・正月には欠かすことができないご馳走となる。

茨城県のツト豆腐は、かつて県内各地で作られていたが、現在は茨城町、なかでもとくに長岡と大土(おおど)地区にだけ伝承されているという。豆腐屋から豆腐を買い、これを手で砕いて藁苞で巻き包んで大釜で煮てから、水を張った手桶に入れると、温度が下がるので豆腐が固まる。藁苞を外した豆腐をそのまま砂糖と醤油で煮込む。味付けが済んだら輪切りにして皿に盛り付けて食べる〔桜井他編：一九八五〕。いっぽう阿蘇市跡ヶ瀬のスボ豆腐は、豆腐半丁を藁苞に入れ大釜で一時間以上茹でた後に、四、五本ずつ束ねて冷たい小川の水に吊して保存し、約一週間後から食するという(「阿蘇ペディア　すぼ豆腐」)。

なお同様に、山口県錦町(岩国市)・長崎県島原半島にもスボ豆腐がある。さらに飛驒のコモ豆腐も、人寄せのご馳走として作られ、煮干しや昆布出汁で一〇分ほど煮込み、そのまま半日ほど漬け込んでおいてから、小口に切って食べるという(「岐阜県「味付き「こも豆腐」」)。ただ、これらは豆腐だけを巻いたものであるが、福島県会津地方に広く伝わるツト豆腐は、豆腐のなかにニンジン・ゴマ・ワラビ・ギンナン・キクラゲなどを混ぜて作る[佐原：一九九九]。また鳥取県倉吉市のコモ豆腐にも、出汁で煮込んだニンジン・ゴボウが入れられている。こうした藁苞包みの豆腐は、かつては広汎に存在していたものと思われるが、今日では伝承地が限られたものとなっている。

ちなみにツト豆腐は、近世の文献でも確認することができる。まず天明二(一七八三)年刊の『豆腐百珍』の佳品三八に「苞とうふ　とうふ、よく水をしぼり、醴をすりまぜて、棒の如くとりて、竹簀に巻き、蒸して、小口切にす」とあり、醴(あまざけ)を混ぜ竹簀(たけす)で形を整えていたことがわかる。また文化一一(一八一四)年江戸市村座初演の四世鶴屋南北作「隅田川花御所染」第二番目序幕隅田川梅若塚の場で、梅若丸の従者・軍助が女房の綱女と梅若塚を訪れ、重箱に入った煮染め料理を食するシーンがある。ここには「粗末な煮染め料理」の内容として「にしめといふもおさだまり、つと豆腐にいもとこんにゃく、よめなのひたしもの、おめずらしくもあるまいに」と見えることから、ツト豆腐は近世から都市部でも、比較的ポピュラーな煮染料理とされていたことが窺われる。

こうした会津のツト豆腐と同じように、豆腐のなかに野菜を加えたものに、宮崎県椎葉村の菜豆腐がある。椎葉村のうちでも不土野の尾前豆腐店では、基本的には農業や林業を営みながら、堅豆腐と菜豆腐を製造販売しているが、昔は家々でも作って食べていた。もともとこれは、焼畑で作る平家カブを豆腐の増量として用いたものであった。平家カブは生命力の強い植物で、痩せた土地でもよく生える。基本的に焼畑でも簡単に栽培できるカブは、凶作などに備えて作る救荒食的な性格が強く、食い延ばしにも用いられてきた。こうした奥深い山間部において菜豆腐は、比較的自然な発想の産物だったと思われる。

そして平家カブのみならず、にんじんや赤ダイコンさらには菜の花や藤の花などを入れて、独特の風味や食感、そして色彩感・季節感を演出したところに菜豆腐の特徴がある(口絵参照)。にんじんと赤ダイコンは酢水で洗い、そのまま入れても豆乳の温度が七〇度あるので柔らかくなるが、菜の花や藤の花は塩漬けし、平家カブはあらかじめ湯通ししておく。春は菜の花、夏はパプリカ、秋は柚、冬は菜の花や藤の花を豆乳段階で入れ、ニガリで固め型箱に入れて一五分ほど圧をかけ、清らかな流水で冷やす。こうして実に色鮮やかな菜豆腐が出来上がる。

全国的にみても椎葉村以外で、こうした菜豆腐を作っているところはない。これは清水(冷水)に漬けておくと一週間は保つので、お盆などには前もって作り一週間くらい食べた。また菜豆腐は冠婚葬祭などの物日にも作って食べた。そのままショウガ醬油やワサビ醬油で食べてもよいが、焼いて田楽状にしても食べるという。

なお、これに関しては、前にも触れた第二次世界大戦中の郷土食調査報告書に、宮崎県高千穂町の大豆食として「菜豆腐」の記載がある。先の「挽き割り」の項に続くもので(一七六頁参照)、入れる野菜としては、同様ににんじん、ダイコン、サトイモ、バレイショなどが挙げられている。作り方は全く同じであるが、生呉ではなく明らかに大豆から分離した豆乳が使われた豆腐である。椎葉の菜豆腐と異なるのはサトイモ・バレイショといったイモ類が用いられている点で、明らかに増量を目的としたことが窺われる。

これに関しては両者の残存度がきわめて低いところから、かつて代用食としての意味が大きかった「挽き割り」や「菜豆腐」が、やがて副食としての豆腐へと進化したものだと指摘されている[中央食糧協力会編：一九四四]。ただし、この報告書は椎葉での調査を欠いており、この推論には疑問もあるが、ともに現在の椎葉の菜豆腐と同じ性質をもつといえよう。

豆腐チクワとイギス豆腐――海の豆腐

ツト豆腐や菜豆腐が山の豆腐だとすれば、海の豆腐の代表格は豆腐チクワとイギス豆腐だろう。

豆腐チクワは、主に鳥取市および鳥取県東部の郷土料理となっている(章扉写真上参照)。これは豆腐にチクワの素材となる魚の白身を合わせて塩を加えたもので、自家製は難しく専門の業者が製造・販売する豆腐製品である。鳥取市福部町海士(ふくべちょうあもう)の前田商店では、白身魚の擂り身三に対して豆腐七の割合で、魚は白身魚だけを用いる。昔はシイラ・沖イワシ(沖ギス)・ホシザメ・金目鯛などであったが、近年では北海道のスケソウダラを用いている。アゴやシイラは堅いので豆腐チクワには向かない。豆腐チクワは、野菜と煮込むほか、穴にキュウリやチーズを詰めたり、切ってそのまま食べたり、油で揚げたりして食べる。

前田商店がもとはチクワ屋であったように、専門のチクワ屋が考案したものと思われる。これに関しては、近世初頭に岡山から入部した鳥取藩主・池田光仲が、質素倹約のため魚よりも豆腐を勧めたためだとする伝承がある。伝承は別としても、文政一二(一八二九)年成立の『鳥府志』首巻によれば、鳥取城下で魚販売の特権を許された元魚町には、当時からチクワ屋が多く、これにほぼ隣接する片原町に豆腐屋があったという。こうしたチクワ屋が豆腐を擂り身と合わせることを考え出したことは充分にあり得よう。ちなみに鳥取市は、チクワの消費量は全国一を誇っており、古くからチクワの生産が盛んであったこととも関係するのだろう。

また鳥取県西部琴浦町の高塚かまぼこ店や島根県松江市のカマボコ屋などでも豆腐チクワを製造しているが、いずれも新しいことだという。なお愛媛県今治市でも、カマボコ屋が豆腐チクワを作っているほか、岡山県・新潟県でも食されており、これらが日本海あるいは瀬戸内海経由の港町間の伝播である可能性が高い。豆腐チクワは鳥取県ふるさと認証食品に指定されているが、その発祥地は、鳥取市元魚町のチクワ屋である可能性が高い。ただ焼きチクワの賞味期限が三〜五日であるのに対して、豆腐チクワは常温で一日、冷蔵庫でも三日が限度とされており、保存を目的としたというよりも、港町での魚肉の利用にポイントがあった。なお豆腐チクワと同じ発想の食品として、宮城県や長崎県には豆腐カマボコもある。

ちなみに天明二(一七八二)年刊の『豆華集』(『豆腐百珍余録』)には「竹輪豆腐」があり、「是は豆腐をすり、細き竹に付、紙にてつゝみ、塩湯にて煮也」とするが、魚肉を用いてはおらず、豆腐をチクワ状にしただけである。また明治七(一八七四)年成立の『豆腐集説』の「ちくわ」は、豆腐に細竹を巻いて茹で上げている点で、むしろツト豆腐に近い。おそらく豆腐チクワや豆腐カマボコは、幕末から明治頃に考案されたものだろう。

もう一つ海を代表するのがイギス豆腐である。イギスはエゴノリの仲間とされる紅藻植物で、日本・朝鮮半島・千島列島などに広く自生する。なおエゴノリは、酢で煮溶かして固めた料理であるイゴ・ウゴあるいはイゴネリ・オキュウトの材料としても知られる。古くは一〇世紀の『倭名類聚抄』に「海髪」として見え、「和名　以木須(いぎす)」とあり、トコロテンを大凝菜とするのに対し、小凝菜とも称されていた。そして『延喜式』主計上には、志摩国の調に「小凝菜」がみえる。

イギスはただの水で煮ても溶けて固まることはないが、酢あるいは米糠汁や生大豆粉・大豆の茹で湯などを使って煮ると溶けて固まるという特徴がある。とくに瀬戸内海沿岸には、こうした特性を利用して刺身のほか酢の物・味噌和(あえ)・味噌漬などとするイギス料理が伝わり[今田：

二〇〇三)、その一つとしてイギス豆腐がある(章扉写真下参照)。これは豆乳から作る豆腐ではないが、生大豆粉を用いていることから、広い意味での豆腐の一種として扱いたい。

かつては瀬戸内海の各地で作られていたが、現在でも愛媛県今治市や広島県呉市豊浜町(芸予諸島の一部)などで作られている。その製法は、乾燥したイギスを水洗いしてから水に戻し、イリコや昆布などの出し汁やエビのゆで汁でゆっくり煮溶かし、生大豆粉を加えてさらに煮る。そこに醤油などで味付けした具材(エビ・青豆・キクラゲ・ニンジンなど)を入れ、煮立ったら流し箱に入れて冷やして固め、辛子味噌などをつけて食べる。

だいたい七~八月頃にイギスを採り、これを乾燥させて保存しておく。しかし最近では気温が高く、イギスが採れない。しかし、この地域のスーパーでは、乾燥イギスと生大豆粉がセットで販売されており、これを使って家庭でも作っている。基本的には夏の家庭料理であるが、手間がかかるので祝い事や法事・葬式などの時に出した。海辺に自生する保存しやすい海藻を利用し、生大豆粉の茹で湯で固めて豆腐とするという独自の料理がイギス豆腐なのである。なお沖縄のモーイ豆腐も、大豆を用いてはいないが、こうしたイギス豆腐の一種と考えられる。

青ばた豆腐——地産大豆

享和三(一八〇三)年刊の『本草綱目啓蒙』巻二〇に「和名に大豆と呼ぶは、みそまめの事にして、黄大豆なり(中略)今俗にしろまめと呼ぶ者は潔白に非ずして黄を帯ぶ故に黄大豆というふ」とあるように、一般に大豆といえば黄大豆のことをいい、白豆とも称されて広く味噌や豆腐の材料とされてきた。これに対して、枝豆として食されているのが青大豆で、これを用いた豆腐が、青ばた豆腐・青ばつ豆腐・青ばと豆腐などと呼ばれている。

すでに青大豆については、元禄七(一六九四)年に刊行された辞書『和爾雅(わじが)』の「青豆」に「あおまめ・あおはた」二種の訓が振られている。ただ元文元(一七三六)年の『伊豆国産物帳』上巻の青大豆の項に「あおはだ」が見え、また先の『本草綱目啓蒙』にも、「俗名あをまめ一名あをはだ　勢州」とある。つまり「あおはた」は青肌の意で、伊豆・伊勢地方の青大豆をさす方言として用いられていたことが分かる。このほか山形県の方言に「あおばだまめ」があり、とくに村山地方では「あおばた」と称するほか[喜多監修：一九七〇]、長野県佐久地方でも青大豆を同様に呼んでいた[大沢：一九三二]。おそらくは青大豆の表皮の青肌が原義で、徐々に転訛していったものと思われる。

また青大豆と黄大豆とを較べれば、一〇〇グラム中、茹でた場合で、それぞれ脂質が八・二グラムに対し九・八グラム、アミノ酸組成によるタンパク質が一三・八に対し一四・一となり、乾燥豆の場合で、単糖当量が八・五に対し七・〇とされている(『新食品成分表 FOODS 2021』)。一般に青大豆は、黄大豆よりも脂質とタンパク質が少なく、代わりに糖分が多いが、これは青大豆の品種によっても異なる。また栽培面でも、地表近くに実るため手で摘み取らねばならず、しかも病気や虫害にかかりやすいという特徴がある。このため害虫の少ない冷涼な地域の方が適しており、東北地方や中部地方などの一部の地域で小規模な栽培が行われている。その代表的な種類として秘伝豆・ナカセンナリ・あやみどり・フクユタカ・小糸在来などの地産大豆が知られており、それぞれ成分も味覚も微妙に異なる。

青ばた豆腐は、かつては畦豆として、枝豆用などに小規模に栽培されていた青大豆を、家々で豆腐に仕立てあげたものと考えられる。枝豆は近世から広く食されており、枝豆売りという商売があったほどで、一部は都市部にも出回っていた。ただし『豆腐百珍』には、三三「青豆豆腐」が見えるが、これは枝豆を茹でて磨り潰し豆腐と合わせて蒸し上げるか、これを葛粉で固めるとある。青ばた豆腐は、青大豆にタンパク質が少なく、固めにくいことから、そう古い製法とは思われず、普及したのは近年のことだと思われる。基本的に青ばた豆腐にニガリを入れる加減など、技術的にも難しい点が多いという。

例えば、宮城県蔵王すずしろのはらから福祉会によれば、秘伝豆はタンパク質含有量が三分の一程度で固まりにくい上に、七七度で殺菌する。八〇度以上だとタンパク質が分解してしまい鬆(す)が立つという。また福島県岩瀬郡天栄村の亀屋食品の青ばた豆腐は、岩手みどりという青豆を使うが、これだけでは青臭くえぐ味が出るので、黄大豆をブレンドしている。これは青ばた豆腐としての旨味を出すために普通は一一〜一二度である糖度(濃度＝豆の濃さ)を一三〜一四度まで上げる必要があるからである。青ばた豆腐を作る店は、それぞれに工夫して製造しているという。例えば千葉県君津市の山田食品で使用する小糸在来は、豆乳としての歩留まりは悪く、タンパク質が少ないのでニガリを多めに入れる。

また生産面では、秘伝豆も岩手みどりも岩手県産であるが、とくに秘伝豆は、「かおり豆」と呼ばれる地大豆に在来種を掛け合わせて、病害に強く栽培に適するように交配したのが三十数年前のことであった。また小糸在来も、千葉県君津市小糸地区の在来種であったが、甘味が多い代わりに生産量は少なかった。そこで二十数年前に地域おこしの一環で特産品として売り出したが、普通の大豆の倍近い値段となる。

青ばた豆腐は、使用する大豆の種類が違う点に特色があり、固めるのに技術を要するが、いわば旨味を求めての知恵の追求で、ほかにも似たような取り組みが行われている。例えば、長野県茅野市の中島豆腐店では、もとは岩手県にあった赤大豆を自家栽培し、赤大豆豆腐を作っているほか、色が悪いが味の良い黒大豆豆腐も作っている。また京都の賀茂とうふ近喜でも、福井県産の赤大豆を用いた豆腐を製造している。この赤大豆もタンパク質含有量は少ないという。さらに長野県佐久市のつるや豆腐店などでも、タンパク質が少なく糖分の高い鞍掛豆で豆腐を作っているが、これらは近年の新しい傾向といえよう。

第9章

沖縄の豆腐

沖縄県那覇市古波蔵にある豆腐の拝所(2022年：著者撮影)(200頁)

沖縄の食生活と豆腐

沖縄が正式に日本の領土となったのは、近代以降のことであったが、すでに一二世紀のグスク時代頃から、日本との交流は盛んで密接な関係にあった。その後に成立した琉球王国は、明の冊封を受けて、中国文化の強い影響下に入った。しかし一六〇九(慶長一四)年、薩摩藩による侵攻を受け、その支配下に入ると、日本と中国の双方に従うような形となり、日本からの影響が強まった。

そして一九世紀に入って、シーボルトは、沖縄の食生活に関して『日本』第一三編「琉球諸島」に「食物の調理法は日本的であり、酒、酢、大豆および味噌が用いられている」と記した。この間に北海道の昆布も大量に移入されるようになり、煮物・炒め物などに用いられた。ただし昆布を出汁としては利用せず、肉類の油脂やカツオ出汁を基本とした味付けが主流で、これらの料理自体は中国に近いものがある。この背景には、日本とは異なり、肉食の禁忌が沖縄に及ばなかったという特徴がある。むしろ沖縄では一四〜一五世紀頃に、中国や東南アジアからブタとヤギが伝わり、これらを飼育して肉食を行っていた。

それゆえ沖縄では、ブタ肉でもソーキ(あばら肉)・ラフティ(三枚肉)などの精肉のほか、一般にテビチ(豚足)・中身(小腸)・ミミガー(豚耳)といった内臓類も食され、ヤギの刺身や汁も好まれている。これについて沖縄学の大家・東恩納寛惇(ひがしおんなかんじゅん)は、魚料理系は日本の四条流、肉料理系は中国の福建料理が基本だとしている[東恩納：一九五七]。こうしてみると、沖縄では動物性のタンパク質は豊富なように見えるが、家庭レベルでのブタやヤギの屠畜は正月や来客用などの特別な場合に限られ、今日のように日常的に食していたわけではなかった。そのため豆腐は、日常的に身近で美味しいタンパク源として広く重宝されてきた。

沖縄の豆腐に関して、大正一〇(一九二一)年に奄美・沖縄諸島を訪れた柳田國男は、『海南小記』の一節「豆腐の話」で、「野武士のごとき剛健なる豆腐である。華麗繊細なる都の絹ごしどもをして、面を伏せ気なえしむべき豆腐である」と評している[柳田：二〇一三]。まさに大きくてしっかりした堅豆腐であったことをみごとに表現している。これを沖縄の人々はシマ豆腐と読んでいるが、一丁が通常九〇〇グラムから一キログラムはあり、三〇〇グラムからせいぜい五〇〇グラムほどの本土の豆腐の二〜三倍の大きさとなる。

しかも日本のような煮取り法ではなく、生呉から搾りとった豆乳を加熱してニガリを投入する生搾り法が採られている。こうして固まった豆腐を、豆腐箱や笊に入れ重石をかけて何度も脱水・成形を繰り返して堅い豆腐を作る。また固まった豆腐をそのまますくって食べれば、柔らかいユシ豆腐となる。沖縄の人々は、これらを長いこと食生活の中心におき、独自の豆腐文化を形成してきたのである。

さらに柳田は、街道筋などでは「どこの家でも豆腐を造って売っている」とし、その販売法は、箱に入れて並べておくだけの無人販売で、これは家族で食べ残った豆腐を売り切り、また新しい豆腐を造ろうとする「家刀自(いえとじ)の才覚」だろうとしている。かつて日本各地で行われていたように、だいたい戦後まで豆腐は家々で作っており、家々には豆腐を押し固める豆腐箱があった。一般にはこれを用いたが、代わりに笊(バーキ)を用いて脱水・成形を行うウシジャー豆腐もかなり造られていた。柳田のエッセイに「われわれの雪花菜(きらず)のごとく、大きな桃の形をした豆腐」とあるのがそれだろう。

ちなみにウンジャーは重しの意で、とくに豊富な湧水に恵まれた那覇市古波蔵(こはぐら)ではウンジャー豆腐造りが盛んで、地内の嶽(うたき)には火の神の隣りにウンジャー豆腐の拝所(うがんじゅ)があり、その横に石臼が祀られている（章扉写真参照）。これは沖縄における豆腐の重要性を象徴するものといえよう。

ちなみに沖縄の豆腐屋の聞き取りを行っていると、祖母あるいは母の代に豆腐屋を始めたという事例が多い。つまり男性ではなく女性が豆腐屋の開業に係わっており、豆腐屋が専業ではなく兼業であったことが窺われる。柳田が豆腐の無人販売を「家刀自の才覚」と見抜いたように、豆腐造りは女性の仕事で、もともとは自家用分だけ造っていたが、そのなかから豆腐が美味しいという評判が立つと、買い手が集まるようになり、販売を目的とした豆腐製造へと変身し、農業などを営む傍ら豆腐屋を始めるのである。そして戦後になって豆腐の需要が増えると、つまり家々で豆腐を造ることが少なくなると、豆腐専業でも商売が成り立つようになって専業の豆腐屋が出現をみた。

おそらく日本各地でも、近世の江戸のような都市部を除けば、近代の村々における豆腐屋の成立事情は、沖縄のそれと同様であった。そうした豆腐屋成立直前の状況を、柳田は沖縄で観察したのだといえよう。こうした野武士のような堅いシマ豆腐や、柔らかいユシ豆腐、そして豆腐餻さらには六条豆腐であるルクジューなどさまざまな種類があるほか、炒め物の豆腐チャンプルーやブタ出汁と味噌で煮込んだ豆腐ンブシーといった料理法も好まれている。なおスクガラス豆腐は、アイゴの稚魚を塩漬けにして発酵させた魚醬であるスクガラスを、シマ豆腐の上に載せて食べる。瓶詰めのスクガラスを用いただけであるが、独自の旨味が楽しめる。このように沖縄には古くから独自の豆腐文化が存在していたのである。

沖縄の豆腐製法

とくに沖縄の豆腐文化は、生搾り法による豆乳抽出と凝固剤に海水を用いる点に特徴がある。これは先島諸島と奄美諸島に広がる南西諸島型ともいうべき豆腐製法であるが、このうち奄美諸島では、煮取り法とニガリ使用へと変化しているという〔竹井：一九九八〕。これは奄美諸島が一七世紀初頭に琉球王国の支配を離れて薩摩藩に属したためであろう。海水による豆腐の凝固は、すでにみたように古くは日本列島各地でも広く行われ（一九頁以下参照）、やがてニガリの使用が主流となったが、沖縄では近年まで海水による凝固が残っていた。

ここでは生搾り法の問題に注目したい。もちろん日本列島でも、中国から伝来した段階の豆腐は生搾り法によるものであったが、少なくとも一七世紀末頃には主に煮取り法へと変化していた（四七頁参照）。もし薩摩による侵攻以後に、日本から豆腐が伝えられたのなら、煮取り法が主流となるはずだから、日本からの受容とは考えにくい。

これに関しては、薩摩侵攻から七十余年後の一六八三年に、冊封使として来琉し五ヶ月間滞在した汪楫（おうしゅう）の『使琉球雑録』巻二は那覇市街の様子に詳しく、「市する所は、皆、油塩、醢菜の属にして、豆腐、番薯尤も多し」と記している。一〇〇年にも満たない期間で、市場で大量に売り捌けるほどに、豆腐が沖縄の民衆に普及したとするのは無理だろう。もちろん薩摩侵攻以前においても、日琉間の貿易は盛んで、一六世紀末頃には那覇にもかなりの日本人が住み着いていたが、それは武士的商人が中心で、利益率の高い交易品を扱っていたにすぎない〔原田：二〇一七〕。

いっぽう中国との間には冊封関係があり、しばしば進貢船と冊封使船が往来したが、儀礼的な側面が強かった。しかし一四世紀末に明の洪武帝の命で、閩人三十六姓という中国からの帰化集団が那覇に移住したことに注目すべきだろう。つまり中国から生活レベルでの文化が移入されたわけで、生搾り法による豆腐製造技術もその一つであったと考えられる。

こうした生搾り法では、豆乳抽出の歩留まりが悪いが、均一な加熱が行いやすく、大豆中の不快味となるイソフラボンやサポニンの抽出率を低下させるという長所が生かされ、さっぱりとした風味の豆腐となる[大久保：一九九二]。また生搾り法では凝固時に加熱を行うために、できたての豆腐は煮取り法以上に温かい。このため堅いシマ豆腐も柔らかいユシ豆腐も熱いものが好まれている。いわゆるアチコーコ(熱々)豆腐であるが、この問題については改めて次々項で触れることにしたい。

こうして日本ルートとは異なった豆腐の伝来が、沖縄に独自の豆腐文化を創り上げたことになる。なお国王の御典医を務めた渡嘉敷通寛が道光一二(一八三二)年に著した『御膳本草』は、沖縄の食品に独自の検証を加え料理法も含めて記述した食療養書で、豆腐にも触れている。基本的には『本草綱目』の説を紹介したもので、その後に「田楽はいまた本草にのせす、和歌本草には胃をひらき食をすすむ。頭風風眼幷瘡疵の禁物といへり」と続けている。一九世紀には、日本の影響が強まり、田楽も食されていたことがわかる。また「とうふのうは(湯葉)・とうふのかす(雪花菜)・ろくじう(ルクジュー＝六条豆腐)・とうふよう(豆腐餻)」などがみえ、これらが国王の食膳に上っていたことが窺われる。

実際に最後の国王となった尚泰王の四男の尚順には、「豆腐の礼讃」というエッセイがあり〔尚：一九三八〕、最上の珍味として「夫は貴賤となく吾人の毎日程も口にする豆腐である」と絶賛している。さらに尚順は続けて、この珍味は余りにたやすく手に入るので、これを好む人はトーファーと綽名され、吝嗇家として軽蔑されるような有様であることを嘆いている。しかも彼は『豆腐百珍』を所蔵し愛読していた。ちなみに尚順がもっとも好んだのが豆腐の発酵食品で、豆腐餻とイタミ豆腐(ルクジュー)を二大美味として挙げ、後にみるように文字通り礼讃している(二一三・二一五頁以下参照)。

ただし吝嗇の代名詞ともされた豆腐は、すでにみたように、一七世紀末に那覇の市場で大量に販売されており、都市民たちは容易に購入できたが、地方では自ら作るほかなかった。彼らは擂鉢で豆腐を作っており、やがて砂岩製の石臼が出回るが、村々では数軒が有する程度だったという。その後、近代に入って沖縄最北端の硫黄鳥島で、安山岩製の鳥島臼が沖縄の各地に普及することで、家庭レベルでの豆腐製造が容易になったとされている〔上江洲：二〇一八〕。おそらく尚順がいうように、豆腐が貴賤の珍味となるのは、日本各地の場合と較べれば意外に新しいことだったものと思われる。

シマ豆腐の世界

しかし今日、シマ豆腐という愛称が示すように、沖縄の人々にとって、豆腐は実に身近な食品となっている。チャンプルー(炒め物)やンブシー(煮物)など日常的な豆腐料理のほかにも、生活や人生の節目においてもしばしば登場する。婚礼時やその前の両親顔合わせにも揚げ豆腐、葬式にもウジラ豆腐(ガンモドキ)や揚げ豆腐の煮物や味噌汁、祖先祭祀にあたる墓前の清明祭の重箱に揚げ豆腐、豊作を願う虫払いのアブシバレー(畦払い)に豆腐汁、子供の誕生祝にも揚げ豆腐、米寿などの長寿祝にはルクジュー(六条)豆腐、などといった形で豆腐が使われてきた[尚他編：一九八八]。

これを数字でみれば、二〇二〇年度における都市別の豆腐消費金額は、全国平均年間五三〇九円であるが、那覇市はトップで六九一八円となる(「「豆腐」への支出額ランキングの概要」)。ちなみに県民一人あたりの年間所得をみておけば、二〇一一年度では、一位の東京が四三七万円で、全国平均＝二九一万円となっているが、沖縄は最下位の四七位で二〇一万円にすぎない(「1人当たり県民所得」)。いかに沖縄の食生活において豆腐の占める位置が高いかを窺うことができよう。

つぎに沖縄における豆腐造りについてみておこう。古くから豆腐造りで有名なのは、良質な井戸水に恵まれた那覇市の繁多川(はんたがわ)であった。この辺は畑地が多く、在来種である高アンダー

（黄大豆）のほか、青ヒグー（青ばた豆腐に使われる青大豆）を栽培し、これを豆腐造りに用いていた。燃料には松の木や松葉・茅の葉のほか、乾燥させたサトウキビの搾り殻を使用した。凝固剤には国場川（こくばがわ）から汲んだ海水を用いていたが、戦後、国場川の汚れが酷くなり、製塩を行っていた那覇市泡瀬（あわせ）や豊見城（とみぐすく）市与根（よね）の塩売りからニガリを購入して使うようになった。また大豆碾きには目の細かい鳥島臼を用いた。

とくに伝統的なシマ豆腐では、大豆の浸漬の前に、半分に割って皮を丁寧に取り除き、必ず地釜を用いるほか、消泡剤は使わず、木綿袋で泡を取り除く「サグイン」という作業を繰り返した。こうした繁多川での豆腐造りは、嫁中心の家族経営で、副業として家計の助けになることから、最盛期には四〇～五〇軒くらいが従事していたという。他の地域に比して繁多川豆腐は評判がよく、首里などに売りに出るとよく売れた。なお繁多川では、ブタも多く飼われており、オカラは副菜とするほかブタの餌となるので便利であった。ちなみに土壌の改良にも効果があったという。さらに豆腐の上澄みを食器洗いや化粧水として利用するほか、大豆の茎や葉・種皮などは乾燥させれば燃料となるなど、豆腐造りには無駄がなかった［波平：二〇一二］。

また糸満も豆腐造りが盛んで、同じような豆腐造りが行われていた。宇那志豆腐店などでも海水を凝固剤に用いてきたが、やはり海の汚染からニガリへと変わった。ただ玉城小とうふ店（現在は廃業）によれば、ニガリだけでは味が落ち着かず、かならずニガリに塩を加え、味を見ながら海水の状態に近づける。なお糸満では、大豆を割って浸漬する前に、天日干しにする方が味の良い豆腐となる。ちなみにオカラは、養豚業者に卸していたが、近年では廃棄物処理法によって販売できず、産業廃棄物として処分される。

さらに国頭（くにがみ）の大宜味村（おおぎみそん）でも、凝固剤には海水を使い、生活用水の混じらない沖まで出て汲んで利用していた。久米島の比屋定（ひやじょう）豆腐店では、現在も海水を使って豆腐造りを行っている。ここでは一丁一キログラムの豆腐一〇〇丁を作るのに、だいたいポリタンク二〜三本は必要だという。ちなみに大豆も新豆と古豆では、使用する海水の量が異なり、新豆は歩留まりが良いので多めに使うが、古豆は少なめにしないといけない。なお久米島近くの渡名喜島でも海水を用いた豆腐造りが行われている。現在は海水の綺麗な離島のみで使用されているが、かつて沖縄では、海水を凝固剤とするのが一般的であったとみてよいだろう。

アチコーコの伝統

沖縄の生搾り法では、豆腐の凝固時に豆乳の加熱を行うのであるから、できたての豆腐は温かいのが当たり前で、〝アチコーコ（熱々）豆腐〟と称して温かい方が好まれる。シマ豆腐でもユシ豆腐でも、できたての温かい豆腐を口にするのが身上であった。そのため多くの豆腐屋から仕入れるスーパーでは、温かい豆腐を楽しんでもらうために、配送されてくる時間を店ごとに一覧表として掲示している(左頁写真参照)。いかに沖縄の人たちが、アチコーコを好んできたかが窺われる。

ところが昭和四七(一九七二)年、沖縄が日本に復帰すると、行政上の指導が入り、アチコーコの販売が禁止された。先にもみたように(一八頁参照)、昭和二二(一九四七)年発布の食品衛生法に基づき、すでに昭和三四(一九五九)年には「食品、添加物等の規格基準」が厚生省告示三七〇号として出されていた。これには豆腐の保存に関して「豆腐は、冷蔵するか、又は十分に洗浄し、かつ、殺菌した水槽内において、冷水(食品製造用水に限る。)で絶えず換水をしながら保存しなければならない」と明記されていた。

このため昭和四七(一九七二)年に本土復帰すると、地元の保健所からは、豆腐は水晒しをして冷やして出せ、という指導が始まった。まずアチコーコを出していないかどうかチェックされ、その販売は認められなかった。そのため内緒で造ったり、できたらすぐ売ったり、熱いうちに配達するなどした。シマ豆腐の作り立てを温かく食べるという食文化を残したかったので、当時の任意団体であった沖縄豆腐加工業組合は何度も陳情を行ってきた。

その甲斐もあってか、復帰二年後の昭和四九(一九七四)年九月三〇日に、厚生省令第三五号と厚生省告示二七〇号によって「食品衛生法施行規則」および「食品、添加物等の規格基準」の一部が改められた。これを承けて一〇月一七日に厚生省環食二二三号が出され、豆腐の保存に関しては、「ただし、移動販売に係る豆腐、成型した後水晒しをしないで直ちに販売の用に供されることが通常である豆腐及び無菌充塡豆腐にあっては、この限りではない」という一文が加えられた（『食品衛生小六法　Ⅰ・Ⅱ』）。そして「直ちに販売の用に供されることが通常である豆腐」とは「沖縄県等の一部の地域に習慣として定着している特殊な製造、販売方法による豆腐を指すもの」と明記された。

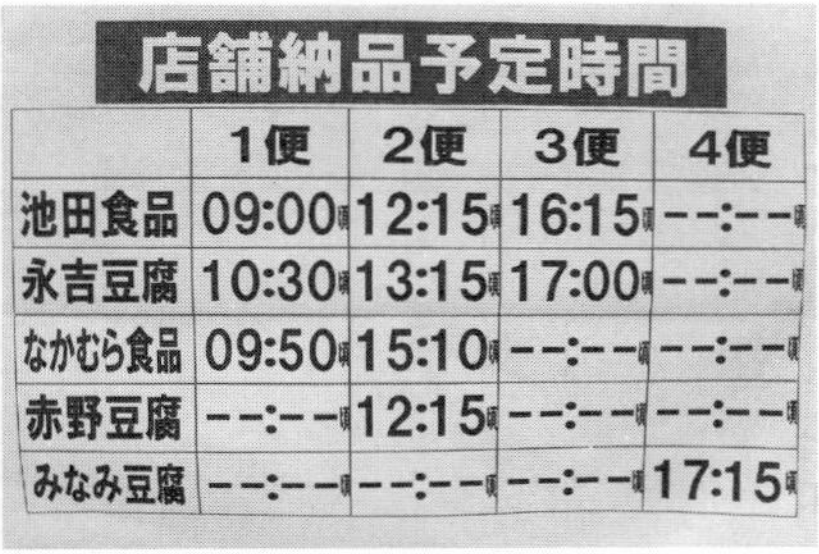

店舗納品予定時間

	1便	2便	3便	4便
池田食品	09:00頃	12:15頃	16:15頃	--:--頃
永吉豆腐	10:30頃	13:15頃	17:00頃	--:--頃
なかむら食品	09:50頃	15:10頃	--:--頃	--:--頃
赤野豆腐	--:--頃	12:15頃	--:--頃	--:--頃
みなみ豆腐	--:--頃	--:--頃	--:--頃	17:15頃

あちこーこーとうふ
販売時間

ひろし屋豆腐　※毎週「水・金・日曜日」は、お休みとなります。

一便	二便	三便	四便
9:00〜11:00	15:00〜17:00		

宇那志豆腐　※毎週「日曜日」は、お休みとなります。

一便	二便	三便	四便
15:30〜17:30			

沖縄豆腐納品時間表（2013年：著者撮影）
アチコーコ豆腐納品時間表（2023年：著者撮影）

この改正の適用は翌昭和五〇年四月一日からとされ、やっとアチコーコの販売は法的に認められたのである。ただし、この改正においても「これらの地域においても漸次、冷蔵するか又は飲用適の冷水で絶えず換水」するという改善指導が必要とされていた。そのため改正適用以前の段階で、農林省の沖縄豆腐業界調査団が訪れ、沖縄豆腐業界に関する報告書が組合に送られた(『創立一〇周年　記念誌』)。

この報告書によれば、沖縄の豆腐屋は当日生産・当日販売を余儀なくされる上、市場も狭隘で家内工業的な零細企業が多い。しかも比較的簡単な設備で済むため主婦の副業的企業がほとんどで、生産性の向上は望めず、衛生設備も不充分な点も多いことから、低温流通システムを検討する必要があるという。こうした背景には、琉球政府による近代化のための助成措置が講ぜられなかった経緯もあるとしているが、農林省は、沖縄の豆腐業界に対して中小企業近代化計画策定を図っていた。その流れのなかで、アチコーコの伝統を認めたにすぎず、やがて沖縄にも低温流通システムが導入されるようになり、水晒しした冷たい豆腐の販売が急増し、アチコーコの需要は次第に低下していったのである。

さらに近年、新たな問題が登場してきた。それは平成一〇(一九九八)年に発布・施行された「食品の製造過程の管理の高度化に関する臨時措置法」(ＨＡＣＣＰ支援法)で、いわゆるハサップ問題である。このハサップシステムはアメリカやＥＵ諸国では適応が義務化されているが、日本では義務ではなく、認証制度が採られることとなった。

しかし世界的な傾向を承けて、政府から沖縄県豆腐油揚商工組合への要望があり、アチコーコを残すのであれば、規則または手引書が必要だと迫られた。そこで組合は、二〇二〇年に『温かい状態で販売する島豆腐小規模製造事業者におけるＨＡＣＣＰの考え方を取り入れた衛生管理のための手引書』を作製し配布した。とくに病原性微生物やセレウス菌を防ぐため製品温度五五度以上の維持をめざし、五五度未満となった場合には三時間以内に喫食または速やかに冷却後冷蔵保管するものとした。

こうして、いちおうアチコーコは命脈を得たが、保健所や大型スーパーの管理は厳しくなり、出荷温度や保存時間を超過したものは返品される。このため豆腐屋としては、売れる個数と時間を計算して配達しなければならず、とくに高齢者が営む豆腐屋では経営が難しくなっている。こうした状況のなかで、現在、沖縄には一二九軒の豆腐屋があるが、アチコーコをやっているのは五〇軒ほどだという。これまでアチコーコで中毒問題を起こした例はないが、アチコーコの伝統は衛生行政側からの指導で細りつつある。

豆腐餻

沖縄の豆腐餻（とうふよう）は豆腐乳とも書き、中国の腐乳がその原型と考えられる。ただし中国の場合には豆腐を用いた腐乳と、牛乳や羊乳に酸を加えて凝固させた乳腐とを区別する必要がある。むしろ乳腐の方が古く、これを模して腐乳が登場したという点に留意すべきだろう(四五・四八頁参照)。ここでいう腐乳とは、豆腐を麹に漬け、塩水中で発酵させた食品である。この腐乳には、臭豆腐とも呼ばれている青方と、紅麹を用いた紅方、および甘辛い白方の三種がある。そして沖縄の豆腐餻にも、中国風に紅麹を用いた赤色のものと、日本の米麹を使用した黄色いものとがある。

その製法としては、中国では角切りにした豆腐に紅麹などのカビ菌を繁殖させ、菌毛に覆われたものを塩漬けし、これを漬け汁に浸して熟成させる。しかし沖縄では独自の工夫を加えて、予めカビ付けはせず、豆腐を三〜四日ほど自然乾燥させ、その表面を泡盛で洗った上で、米麹と泡盛で調整した漬け汁に四〜六ヶ月間浸して熟成を待つ。米麹を用いることで甘味を出し、泡盛の入った漬け汁で長期間熟成させるので、まろやかな旨味が生まれ貯蔵性も高くなるとされている[桂:一九九三]。

史料的には、先にも触れた道光一二(一八三二)年の『御膳本草』に、「とうふようは、豆腐乳(たうふにう)也。香(かうば)しく美(び)にして胃(い)気を開き、食を甘美ならしむ。諸病によし」とある。これよりやや早く、一八一六年九月二三日に琉球を訪れ王府高官に招待されたイギリスの海軍将校ベイジル・ホールは『朝鮮・琉球航海記』に、その饗宴の料理の一つについて「何かチーズによく似たものが出されたが、それが何であるのか皆目、見当もつかなかった」と記したが、これが豆腐餻だったと考えられている［源：一九六五］。

おそらく複雑な製法の豆腐発酵食品である乳腐が、冊封使か閩人三十六姓関係者から宮廷料理人に伝えられ、泡盛を利用するなど、彼らの創意工夫によって沖縄独自の豆腐餻へと進化したものと思われる。このため中国の腐乳が、塩辛く濃厚で独自の臭気を伴うのに対して、沖縄の豆腐餻にはよりマイルドな旨味があるとされている。おもろそうし・紅型（びんがた）・豆腐餻を沖縄の三大文化と評した東恩納寛惇と、豆腐餻とルクジューを二大珍味に数えた琉球王家の末裔・尚順は、ともに中国の乳腐と豆腐餻を比較している。

東恩納の場合は、福建生まれの中国人の友人が中国の豆腐乳を自慢するので、知り合いの沖縄料理屋で豆腐餻をご馳走すると、彼は「これは中国以上だと無条件に折紙を付けた」としている［東恩納：一九五七］。また尚順は、福建省料理の名人が「豆乳と申す豆腐の塩漬」を一等品とする新聞記事を読み、それを口にした上で反論を行っている［尚：一九三八］。中国のものは濃厚で味が強すぎるが、沖縄のそれは「塩味を減じ発酵味を減殺する酒精分たる泡盛を用いて調和」しており、非常に感心する製法だとして「世界的唯一と迄は行かざるも首位に列なる珍味」と絶賛している。

中国の豆腐発酵食品である乳腐は、もちろん台湾にもあるが、その存在は江戸期の日本にも知られていた。天明三(一七八三)年の『豆腐百珍続編』には、「腐乳」の項が六五から六七まで続くが、とくに基本となる六五の製法は、先にみたように豆腐餻とよく似ている(一三四頁参照)。しかし次の六六でも、塩とモロミの漬け汁に二〇日ほどつけ込むとし、六七では酒粕を微塵に砕いて酒と醬油を加えたものと豆腐を交互に何層にも漬け、冬に土中に埋めておけば翌年の夏まで保つとしている。

もちろん、ここでは泡盛は用いられておらず、味自体はだいぶ違ったものであっただろう。むしろ、これは乾隆三〇(一七六五)年に『本草綱目』を補った張学敏の『本草綱目拾遺』巻八諸穀類に「腐乳　一名を菽乳。豆腐を醃(塩漬)けて、酒糟、或は醬を加へて製したもの」とあるように、泡盛を使わない中国の腐乳の製法に倣ったとすべきだろう。まさに豆腐餻は沖縄独自の味覚を創造したのである。

ルクジュー

沖縄のルクジューと呼ばれる保存食の豆腐は、先にみた六条豆腐の一種で(一一七頁以下参照)、その転訛だろう。那覇市首里の名嘉原カメさん(一九〇三年生:推定)は、一九七〇年代末にはほとんどルクジューを作る習慣がなくなったが、戦前はいくらか経済的に余裕のある家では、長寿を祝う日に作ったという。つまり六一歳のトシビーから九七歳のカジマヤーなどの日に、これを二枚出すと、六〇(るくじゅー)が二つで一二〇になるので、その歳くらいまでも長生きするようにと皆で祝うとしている。

そして、その製法について名嘉原さんは、こう語ったという。豆腐を薄く切って陰干しにする。四、五日たつと小さな虫が付いて豆腐はチーズのように堅くなる。それを食べる時に、油を塗った金網で両面を焼いて食べた〔沖縄タイムス社編：一九七九〕。ここには塩に関する記述はないが、日陰干しの前に豆腐を塩水に漬けたり塩でまぶすともしており(「沖縄の伝統的な食文化：ルクジュー」)、基本的には塩の使用を前提とすべきだろう。

これはイタミルクジューあるいはイタミ豆腐とも呼ばれるが、このイタミは傷むの意味で、発酵により旨味を熟成させる点に特徴がある。高温多湿だと発酵が進みすぎるので、寒冷な季節に作るのが良いとされている〔古波蔵：一九九〇〕。こうした発酵に塩が必要だったのだろう。なおイタミルクジューは、「にたまいるくじゅう」と発音されるが、「にたまいん」には「食物が饐える。腐れかかる」の意があり、「煮撓」の文字が宛てられるという〔比嘉編：二〇一九〕。やはりイタミ豆腐には、発酵が大きな意味をもつことになろう。

この豆腐は王家の血を引く尚順の大好物で、先に紹介したエッセイには「沖縄に此発酵した豆腐で作った調理の中に「イタミ六十」というのがあり、また此を豚の油で揚てからりとして、塩煎餅の様なものに「干六十揚」というのがある」とし、「此(イタミ六十)がうまく熟した時の

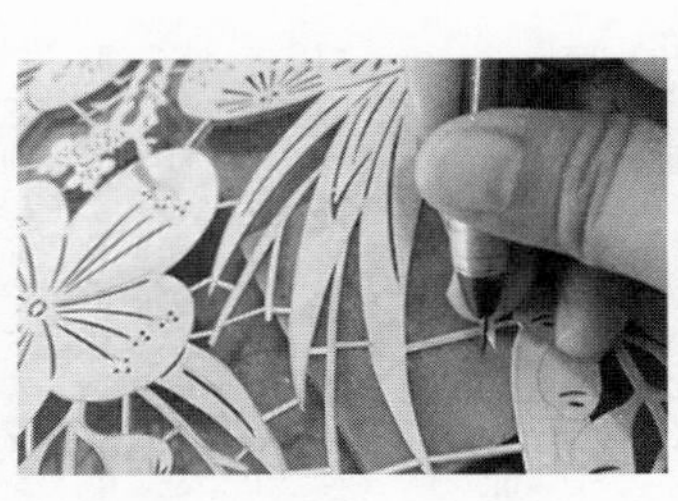

下敷きにルクジューを使い，紅型の型彫りをする（紅型工房ひがしや）

味といったら、真に天下の美味」と礼讃し、さらにイタミ豆腐で作るチャンプルーについては「これ又中山(ちゅうざん)第一、否世界第一と云ってもはずかしからぬ珍味である」と絶賛している。なお外間守善(ほかましゅぜん)は、ルクジューのことを「中国風の硬い焼き豆腐」と称し、首里にしかなかったとしている［外間：二〇二二］。

さらに一九世紀前半の『御膳本草』には「ろくじうは、豆(たう)腐乾(ふかん)也。豆腐の性と同しけれともしほを入りせめかため、またはこはきになるゆへ、脾胃に入りて化しかたし。冷食尤忌むへし。別て諸病に是禁止すへし」とみえる。さらに同書を著者の渡嘉敷通寛がわかりやすく解説した『〈家庭医書〉御膳本草綱要』から、同書と異なる部分のみを示せば、「豆腐乾は、豆腐を薄く切って塩をつけ日光で乾燥したものである。沖縄では「ロジウ」と云って居る。（中略）火に焙り又は油で揚げて食ってもよい」とある。いずれにしても、塩を使い乾燥して固めた堅い豆腐であることがわかる。

さらに注目すべきは、沖縄の名産品である紅型の細かい型抜きに使われるルクジューである（右写真参照）。つまり型紙の型を彫る時の下敷きに、豆腐を乾燥させたルクジューを用いるのである。ルクジューには適度の堅さと復元力があり、刃の跡が残らず、繊維がないので小刀の刃を自由に動かせるほか、微量の油があるので刃を痛めず、錆止めにもなるとして重宝されている。彫師は、大寒の頃に豆腐を一ヶ月くらい乾燥させてルクジューを作り、使用中にくぼみができると鉋(かんな)をかけ、平らにして使い続けるという［渡名喜：一九七八］。まさにルクジューの堅さを巧みに利用した沖縄以外ではみられない技法で、おそらく沖縄に六条豆腐が入ってきてから生まれたものに間違いはない。

また還暦などの際に、ルクジューを二つ食べて祝うというのも、本土からやってきた六条豆腐という名称が、還暦としての「六十・六重」と通じるためだろう。一八世紀後半の王府高官で沖縄三十六歌仙の一人・与那原良矩(よなばるりょうく)の琉歌「六十かさべれば百二十のお年おかけぼさへめしやうれ我お主がなし」(六十を重ねれば百二十のお年ですが、それまでご統治ください、わが主君様)が示すように(『琉歌大成』四七二二)、とくに六〇歳の節目を祝う風習が強くあった。この祝に六条豆腐がふさわしいものとなったと考えるべきだろう。

本土からの六条豆腐の移入は、新しい紅型の技法と長寿の祝の双方に新たな頁をもたらしたことになる。ただし製法は、沖縄的な変貌を遂げたようで、「焼き豆腐」とも呼ばれたり、チャンプルーの具にも使われたことから、カツオ節のように削って食べる六条豆腐よりも柔らかだったように思われる。むしろルクジューの特色は、保存性や堅さにこだわらず乾燥よりも発酵を重視した点にある。おそらく沖縄では、ある程度の発酵が進んだ段階で食用とし、その味覚を楽しみとしたのだろう。

この六条豆腐の本土から沖縄への伝来については、意外に早く一六〜一七世紀頃のことだったと思われる。それは、この伝来に臨済の禅僧が深く関わっていたと考えられるからである。すでに六条豆腐が京都臨済宗寺院、相国寺の僧侶間で食べられていたことをみたが（一一八頁参照）、沖縄には那覇の円覚寺をはじめとして臨済宗寺院がかなり多く、寺僧たちの日琉間の交流はかなり活発であったから、彼らが伝えたと考えられる。それゆえ沖縄のルクジューは、どちらかといえば王族・貴族や豊かな人々の食べ物で、臨済僧と接触の密度が高かった王族や貴族の間に伝えられ、やがて社会の裕福層へは広がったが、下層にまで普及した形跡はない。

おわりに――健康食志向と海外展開

現在、豆腐は何よりも栄養価の高い健康食として、世界を席巻しつつある。一九七七(昭和五二)年、肥満人口の増加による膨大な医療費支出に苦しんでいたアメリカは、その主な原因が肉食を中心とした食習慣にあることに気づき、アメリカ合衆国議会上院が、マクガバンレポートと呼ばれる『米国の食事目標』を公表して、ヘルシーな食事内容を目指す食育政策へと舵を切った。このレポートでは、全粒穀物や野菜など植物性食品の消費量を増やすとともに、獣肉類の消費量を押さえ魚鳥類の消費量を増やし、牛乳やバター類に多く含まれる飽和脂肪酸の摂取量を減らすことを目標として、米と魚・野菜を中心とした日本の伝統的な食生活に近い形が理想とされた。このためヘルシーな健康食志向が世界的に広まり、なかでも植物性タンパク質を大量に含む大豆を用いた豆腐が注目を集めるようになったのである。

こうした流れのなかで、森永乳業は牛乳から豆乳へと新たな活路を見出そうとして、一〇ヶ月保存可能な完全無菌豆腐を開発した。またハウス食品も家庭用手作り豆腐の素を開発するなど、両社は豆腐関連商品に力を入れようとしていた。しかし事情は簡単ではなく、零細企業の多い豆腐業界を守るべく、昭和五二(一九七七)年に制定された中小企業分野調整法によって、豆腐が対象品目の一つに指定されていたため、大企業による国内での豆腐の製造販売は強い規制を受けていた。このため両社はアメリカに市場を求めて、ハウスは一九八三(昭和五八)年に現地豆腐メーカーを買収して豆腐事業を開始し、森永も一九八五(昭和六〇)年に長期保存可能な豆腐を輸出し販売するための現地法人を設立した。

いずれも初めはアジア系移民や日本人駐在員に向けたものであり、白人系アメリカ人は、一番嫌いな食品に豆腐を挙げ、ペットの餌として消費されるに過ぎなかった。また和食ブームのなかでも、鮨や天麩羅・ラーメンほどには豆腐への興味は向かわなかった。このため森永では豆腐のシェークを作ったり、西洋料理に合わせた豆腐料理のレシピを出版したりして、豆腐浸透のための工夫を繰り返し、白人系アメリカ人の間にも徐々に受け容れられるようになっていった。そして健康食志向が強まったことから、一九九三(平成五)年にはアメリカ大統領クリントンが、ヒラリー夫人の助言で豆腐ダイエットを始めたことが報じられた。こうしたこともあって、まさに豆腐は"soy beans curd"ではなく"tofu"として通用するようにまでなった[雲田：二〇〇六]。

さらに一九九九(平成一一)年にはアメリカ食品医薬局がヘルスクレーム(健康強調表示)として大豆タンパク質の効用表記を認可したため豆腐人気は高まっていった。しかもマクガバンレポート以降、健康志向が高まるなかで、玄米などの穀物を中心として、旬の野菜、海藻、豆などを環境に合わせバランス良く食べる食事療法である日本発のマクロビオティックが注目されるようになった。とくにアメリカでは、高級ホテルのリッツカールトンがこの考え方に基づく料理を提供するようになって、ゴア元副大統領やハリウッドスターなどにも実践者が出るに至り、近年ではマドンナやトム・クルーズも愛好しているという[久司：二〇〇四]。

マクロビオティックは、豆腐そのものを推奨しているわけではないが、基本が伝統的な日本食にあるから、そのなかでも味噌とともに植物性タンパク質含有量の高い大豆食品である豆腐が人気を集めるようになった。もともとアメリカでは、ベジタリアンやビーガンなどの間で豆腐が受容されていたが、こうした健康食志向の高まりのなかで一般の白人系アメリカ人にまで浸透し、スーパーマーケットにも大量の豆腐が並ぶようになった。彼らは豆腐を、ヘルシーな肉の代用品とみなし、厚めの木綿豆腐をステーキとしたり、サイコロ状に切って野菜や肉と炒めたり、サラダに載せたりスムージーやピューレ状にして焼き菓子に混ぜたりして食しており、堅くてフレーバーを加えたものにも人気が集中している。

ちなみにヨーロッパへの豆腐進出は、二〇〇三年からのことである。フランスでも“tofu”人気は高く、食べ方はアメリカの場合とほぼ同様であるが、豆腐スプレッドにしてチーズ感覚でも食されている。またオーガニック大国のドイツでは、近年になって現地生産が行われており、堅いナチュラルタイプのほか、スモークされた豆腐や挽肉風の細かくなった豆腐も販売されている。また豆腐料理のレシピとしては、キヌアと豆腐のゴレン、スパイシー豆腐テリーヌ、豆腐スプレッド、豆腐とバジルのポタージュ、トマトと豆腐キッシュなどがあるという。このほかイタリアやスペインでも、豆腐がほぼ同様な形で食生活のなかに入り込んでおり、ヨーロッパにかなり浸透しているのが現状である。

いっぽう日本では、昭和二七(一九五二)年制定の栄養改善法の下で、米食偏重が問題視され食生活の洋風化が目標とされた。しかしマクガバンレポートが登場すると、昭和五八(一九八三)年に、農林水産省は日本型食生活の見直しを提唱し、昭和六〇年には厚生省が「健康づくりのための食生活指針」を発表したが、さらに平成一二(二〇〇〇)年には厚生省・農林水産省・文部省が共同で「食生活指針」を策定している。これらはすべて健康食志向が強く、いわば伝統的な日本食モデルが逆輸入される形で推奨されたほか、ハリウッドスターなどの影響力も加わり、豆腐がヘルシー食品として、とくに若い女性たちの間で注目を集めるようになった。

こうした傾向に支えられて、国内でも特定の大豆にこだわって、量産品とは異なる味覚をもつ豆腐に人気が集まり、大手業者でも製品の差別化を行って付加価値を設けようとしている。さらに近年では、低落気味の市場に活気を呼び込もうとして、さまざまな試みがなされている。豆腐そのままではなく、濃縮したり味付けした商品も開発されている。たとえば食品メーカー

「アサヒコ」は、TOFU BARを製造し、鶏胸肉と同じような堅さで、和風だしなどで味付けしたバー状の豆腐を販売しており、ほかに柚子胡椒風味・えだまめとひじき風味のものが人気を博している［岩本：二〇二一］。さらに相模屋食料では、BEYOND TOFUシリーズとして、うにのようなビヨンドとうふ、肉肉しいガンモ、オリーブオイル漬け、マスカルポーネのようなナチュラルとうふ、といった新しい味覚をもつ豆腐を販売して好評を得ている。

さらに二〇一九年からのコロナ禍は、豆腐の需要を大幅に伸ばした。PBF（植物性食品）の小売市場では豆乳など植物性ミルクとともに豆腐が大きな注目を浴びている。これは肥満体質や心臓疾患をもつ人が重症化に陥りやすく、健康食志向に拍車がかかり、豆腐のほか大豆を発酵させて固めたインドネシアのテンペなどが、アメリカ市場で一・四倍に急伸しているという［田村：二〇二二］。これはアメリカで主流となるフレキシタリアン（準菜食主義者）が豆腐消費を支えているためで、この需要はいっそう拡大するものと思われる。加えて新たなテクノロジーによる豆腐の新製品は、今後、総体的に豆腐文化をより豊かにしていくことだろう。

補　注

補注1（三〇頁）：この朱子の説に関しては、一九八四年、袁翰青によって、次に引用するような新しい解釈が加えられている［袁：一九八四］。ただし、この詩が『朱子全書』に見えないとする点に疑問があるほか、根拠とされた「別の文集」にあるという詩文と自注が史料として明示されておらず、これを筆者（原田）は確認することができなかった。このため論考の原文を以下にそのまま示し、補注として紹介するに留めたい。「朱熹（一一三〇〜一二〇〇）の詩は『朱子全書』にはみあたらないが、別の文集に素食（精進料理）の詩があって、豆腐は劉安の発明とは認められない、と自注を付している。宋代のこの詩が明代に至って、劉安が豆腐を発明したという誤解を生み、後世の根も葉もない伝承を生み出したのかもしれない。」

補注2（九二頁）：落語では「甲府い」（八九・九〇頁参照）を「出世豆腐」と呼ぶ場合もある。

補注3（九四〜九八頁・一二八頁）：近世の物価を現在の金銭感覚に置き換えることは非常に難しい。モノの市場価値が、そのものの時代的性格によって異なり、安く感じるモノと高く感じるモノとの落差が大きい。それゆえ複雑な問題なので、触れたくはないというのが正直なところである。

しかし値段の感覚も無視できないので、あえて近世の史料をもとに、本書なりの概算を試みておきたい。まず九四頁の『親子草』を基準とした場合、豆腐一丁が酒一合とあるから、現代の手頃な日本酒一升瓶の値段を二〇〇〇円程度とすれば一合は二〇〇円となる。また『江戸買物独案内』によれば一合が二〇文から四〇文の間であるから、中間の三〇文を基準に採れば、一文は六・七円ということになる。しかし九五・九六頁の場合のように、酒ではなくソバで換算すれば、やや時代は下るが『守貞謾稿』ではソバの値段を一六文としているから、これを現在のチェーン店の立食いソバの平均値三四〇円に適用すれば、一文は二一・三円である。これでは酒で計算した場合の三倍強の値となる。余りにも落差が大きいので、必ずしも合理的な処理とも思われないが、仮に双方の平均値を採れば、一文は一四円となる。この数値に問題が多いことは承知しているが、いちおうこれによる計算で、本書における豆腐値段の目安としたい。なお銀一匁は一〇〇文として計算した。

補注4(一二三頁)：宮下氏が『毛吹草』の諸国物産中に「紀伊国豆腐」が見えると断定する点については問題がある。今回筆者が参照した『毛吹草』は、無刊記本(岩波文庫)のほか、明暦元(一六五五)年本(お茶の水女子大学附属図書館デジタル)・万治二(一六五九)年本(東京大学総合図書館酒竹文庫デジタル)・寛文二(一六六二)年本(東北大学附属図書館狩野文庫デジタル)・寛文一二(一六七二)年本(早稲田大学図書館小寺文庫デジタル)であるが、このほか閲覧可能なデジタル画像についてもチェックした。ただし万治本については、東京大学酒竹文庫本の表紙裏に押紙があり「寛永十七年撰〈原板正保二年〉重頼　万治元年刊」と記されている。しかし撰は寛永一五年とすべきで、洒竹文庫本の刊年についても万治二年の誤りとすべきだろう。ちなみに同じく地方の名産を列挙した元禄一〇(一六九七)年刊の『国花万葉記』巻一四上「南海道・紀伊」にも豆腐の記載はない(早稲田大学図書館デジタル)。

補注5(一二三頁)：宮下氏が「高野豆腐」が登場するという『和漢三才図会』の諸本には刊記を欠いたものが多い。刊記の明白なもののうち、杏林堂版については、吉川弘文館・新典社による影印版のほか、味の素食の文化センターデジタル・新城図書館牧野文庫デジタル・東北大学狩野文庫デジタルを閲覧した。また五書肆連記版についても東京美術刊行の影印版のほか、国会図書館デジタル・早稲田大学デジタル・国文学研究資料館デジタル・酒田市立図書館光丘文庫デジタルのほか平凡社東洋文庫の活字本を閲覧した。さらに文政七(一八二四)年版については東京都立図書館井上文庫(須原屋茂兵衛・秋田屋太右衛門連記版)本を閲覧した。このほか刊記不明の随筆大成影印本(随筆大成刊行会、一九二九年、五書肆連記版カ)・国会図書館デジタルコレクション活字本(中近堂、一八八四〜一八八八年、五書肆連記版カ)・日本庶民生活史料集成活字本(三一書房、一九八〇年、杏林堂版カ)の全てを閲覧したが、どのテキストにも宮下氏が引用した紀州名産としての「高野豆腐」を確認することはできなかった。ご本人に確かめたいところではあるが、すでに鬼籍に入られている。

補注6（一二三頁）：宮下氏は『凍豆腐の歴史』に、この図を『続紀伊風土記』（天保九年、一八三八年）からの引用として、口絵に「高野山氷豆腐製する図」を載せるとともに、五六頁に高野山の氷豆腐に関して以下のような文章を掲げている。

大地漸く開けて浮堂閣厳しく寺門街をなして、法の都といふべし。詣づる人々いつとなき中にも春はことに賑はしく夏秋も絶間なし。ただ雪ちりかかる頃よりややかれがれになれば、寺々の稚児、奴僕（げすをのこ）等をりをりの暇に氷豆腐を製りて住侶の冬ごもりの伽とせしより、年月にそひて其製精しくなり。味ことなるを以て檀契にも贈りしかば、いつしか世に広ごりて今は国々にいたらぬくまもなく、精菜の一種とはなれり。

筆者は『続紀伊風土記』を天保一〇（一八三九）年成立の『紀伊続風土記』の誤りと判断して、同書（一九一〇年、巌南堂書店版活字本）を閲覧したが、図・引用文とも確認することはできなかった。そこで、この旨を和歌山県立図書館に問い合わせたところ、これらの挿画と記述は、天保九（一八三八）年刊の『紀伊国名所図会』三編巻五「時候」（国会図書館デジタル）に存在するというご指摘を、坂口佐知子氏から戴いた。感謝したい。

補注7（一三七頁）：上梓された『豆腐百珍余録』は、慶應義塾図書館魚菜文庫に一冊だけ存在し、その精密な写本が東京都立図書館加賀文庫に一冊所蔵されている。なお国会図書館デジタルで公開されている白井文庫本『豆腐百珍余録』は、厳密には『豆華集』の誤りである。これに関しては、白井光太郎が『豆腐百珍余録』の良質な写本を有していた加賀豊三郎に問い合わせたことがあった。この依頼に応える形で加賀豊三郎が、『豆華集』の所蔵者である白井光太郎に葉書を送り、『豆腐百珍余録』が『豆華集』と同じ内容であることを指摘し、『豆腐百珍余録』の奥付を転記している。この葉書は、白井文庫本『豆腐百珍余録』見返しに添付されている。さらに同書冒頭には『豆腐百珍余録』における春星堂主人(藤屋善七)の序文の写が添付されている。こうした事情を承けて白井光太郎は、この『豆華集』に新たに『豆腐百珍余録』の題簽を付し直したものである。

調査協力一覧

現地調査に際しては、以下のお店および機関や方々にお世話になった。記して感謝したい。

東北地方北部
久慈市ふるさと振興課　二橋光博さん
野田村　農家食堂つきや・米田（まいた）やすさん／久慈市山根町　日當（ひあたり）トシさん・内間木美治さん／山形町
新谷豆腐店・嵯峨豆腐店

東北地方南部
蔵王町　はせがわ屋・はらから福祉会／天栄村　亀屋食品／下郷町　不二屋豆腐店

関東地方東部
君津市　山田食品／茨城町　ひまわり工房

中部地方北部
白山市　山下ミツ商店・上野とうふ店／五箇山　喜平商店・水上とうふ店・山本屋豆腐店・岩崎豆腐店／郡上市　母袋工房

中部地方中部

佐久市　信源豆腐店・矢島いきいき会・つるや豆腐店／茅野市　中島豆腐店・小林豆腐工房／長野市　長野県凍豆腐工業協同組合

山陰地方

鳥取市　前田商店／琴浦町　高塚かまぼこ店

瀬戸内地方

今治市　ホテル七福／呉市豊浜町　豊島のよっちゃん豆腐店／祝島　浜本新太郎さん

九州地方中南部

椎葉村　尾前豆腐店／五木村　五木とうふ店・ヒストリアテラス五木谷の学芸員　木野徹也さん／八代市　泉屋本舗・生活改善グループ鮎帰会

沖縄

那覇市　沖縄県豆腐油揚商工組合・那覇市繁多川公民館・株式会社あさひ・はま食品／糸満市　宇那志豆腐店・玉城寿信さん／大宜味村　宮城貢さん／久米島　比屋定豆腐店・川上辰雄さんなど

このほか、川崎市の中屋豆腐店、京都市の賀茂とうふ近喜、五島市の前田豆腐店からもお話を伺った。

あとがき

これまで私は食生活史研究を標榜しながらも、食べ物そのものについて本格的な考察を加えるという作業を避けてきた。エッセイ『食をうたう』などでテーマとした食べ物に関しては、基本的に手持ちの史料などから簡単に触れたことはあっても、本格的に資史料を博捜し、正面から論じようとしたことはなかった。食べ物自体から社会史的な流れを把握することは難しいだろうと決め込んでいたからである。ただ米と肉という基本食料については、日本という社会の歴史的な特質を追求できると考えて『歴史のなかの米と肉』を書き、その転換期に出現した魚肉ソーセージを応用問題として扱ったことはあった。しかし具体的な食べ物や料理自体を考察の対象とすることにはかなりの躊躇があった。

ところが数年前、友人の編集者から、豆腐について書ける著者を探しているので、誰かいないかという質問を受けた。あれこれ考えて人選に迷っているうちに、いっそ自分で書いてみようという気になった。それは私の食生活史研究の手始めが、『豆腐百珍』の校注作業にあり、その過程で生じた疑問を解決するために、「天明期料理文化の性格——料理本「豆腐百珍」の成立」という論文を公表し〔原田：一九八〇〕、豆腐については少し調べたという経験があったためである。さらに長年携わってきている『日本食文化史料集成』(仮称)という仕事の過程で、古くからのお付き合いである飯野亮一氏が豆腐関係部分を担当されており、その史料をベースとさせていただければ、何とか書けるだろう、という判断も働いていた。

そんな状況にあったなかで、これまでの仕事に一区切りがついたことから、一つぐらいは特定の食べ物について調べてみようと思って、僭越を承知の上で厚かましくも、この仕事を自分で引き受けることとした。しかし身から出た錆の如く、実際の執筆作業には多くの苦しみが伴った。調べて書くという行為自体は基本的に面白くはあるのだが、いつも苦しみの連続でもある。とくに、この仕事のきつさは格別だった。もちろん飯野氏の蒐集作業はさすがにポイントを押さえてはいたが、分量の制限から落とされたものも少なくはなかった。改めて探してみると、ともかく身近な食品だけに、史料は想像以上に多かった。

ところが豆腐に関する歴史的研究となると、信頼に足る論文は数えるほどで、論拠が曖昧でかつ不正確な多くの論考に悩まされた。執筆中に何度も首をかしげ、その度に書庫を探し図書館などに通い続けて、史料や事実の確認に思いのほか時間を費やすところとなった。安易な執筆の決断を何度となく反省させられた。しかし、それ以上に得たものは大きかった。豆腐がどう日本人に親しまれてきたのかを、文献や調査を通して通史的に知ることができたからである。思えば『豆腐百珍』の論文を書いたきっかけも、その出版過程が従来の研究では不明確だったことで、文献的な検証が必要だと感じたためであり、それなりの成果を挙げ得たと自負している。やや不遜な物言いとはなるが、同じように今回の本書にも充分な存在価値があると信じている。

もともと私自身も豆腐は好きである。東京近郊に住む私は、夕方に売りに来る近くの豆腐屋を利用しており、買いに出るのは私の仕事となることが多い。八九頁で引いた「豆腐屋は時斗(とけい)のやうに廻る也」という句は、まさに実感で、必要なときはラッパの音を聞かずとも、四時四〇分になると小銭を握って玄関を出る。北関東の地方都市で育った幼少期の記憶では、たしかリヤカーで豆腐屋が回ってきたことをよく覚えている。そして祖父に連れられて行った温泉宿で出された冷や奴で、豆腐の本当の美味しさを覚えたことを思い出す。大学院生の頃、西早稲田界隈に住んだが、アパートの近くにあった豆腐屋の豆腐が美味しかったことも忘れられない。今回の現地調査でも、多くの美味しい豆腐に出会えて嬉しかった。

本書は、これまで経験したことのないような産みの苦しみではあったが、書き上げてみると、豆腐の歴史には学ぶところが大きかった。豆腐とは、かつては自前も可能で、もっとも身近でかつ栄養があり美味しい食べ物であったからこそ、その製造や保存さらには調理に人々の知恵が豊富に込められている。まさに歴史のなかで育まれてきた食べ物なのである。とくに、それぞれの時代状況のなかで、階層の如何にかかわらずさまざまに楽しまれてきたことを、多くの文献が教えてくれた。そして、それ以上に、それぞれの地域で豆腐に対する工夫がいかに数多く積み重ねられてきたかを、現地調査で実感的に学んだ。これについては、もともと豆腐の知識が乏しい筆者の拙い質問に丁寧に答えてくれた各地の豆腐屋さんたちに深く感謝したい。

さらに豆腐の現地調査にあたっては、公益財団法人不二たん白質研究振興財団から二〇二二年度に研究助成を受けており、本書はその成果によるところが大きい。新型コロナのおかげで調査は思うように実施できなかったが、そのため調査研究期間を一年間延長させていただけたことは有り難かった。また豆腐関係の文献や豆腐業界については、一般財団法人全国豆腐連合会の相原洋一氏からいろいろと御教示を受け大変お世話になった。しかも一々断らなかったが、豆腐に関する一般的な知識については、同連合会の刊行物によるところが大きかった。なお国士舘大学図書館には、文献入手にいくつかの便を図っていただいた。そして最初のお約束の締切に大幅に遅れながらも、さまざまな御意見をいただくとともに、面倒な原稿を整理して編集の労を執っていただいた岩波書店新書編集部の清宮美稚子さん・吉田裕さんにも、この場を借りてお礼申し上げたい。

二〇二三年四月二日　武蔵杉風庵にて

原田信男

参考文献

青木正児　1970「琴棊書畫」『青木正児全集』第七巻，春秋社(初出 1958)

阿部孤柳・辻重光　1974『とうふの本』柴田書店

市野尚子・竹井恵美子　1985「東アジアの豆腐づくり」石毛直道編『論集 東アジアの食文化』平凡社

今田節子　2003『海藻の食文化』成山堂書店

岩間一弘　2021『中国料理の世界史――美食のナショナリズムをこえて』慶應義塾大学出版会

岩本美帆　2021「豆腐に自由を 味付きバーに」朝日新聞 11 月 22 日東京本社夕刊

上江州均　2018『おきなわの民俗探訪』沖縄学術研究双書，榕樹書林

袁翰青　1984「豆腐の起源について」『飲食史林』5 号，飲食史林刊行会(以下同)

大久保一良　1992「大豆の食品学」山内文男他編『大豆の科学』朝倉書店

大河内信敬　1952「豆腐の話」『栄養と料理』第 18 巻 2 号，女子栄養短期大学出版部

大沢心一　1931『信州佐久地方方言集』私家版(県立長野図書館蔵)

大沼晴暉　1980「榊原芳野『豆腐集説』」『飲食史林』2 号

大沼晴暉　1984「豆腐集説改題補」『飲食史林』5 号

大堀俊雄　1943「鈴木梅太郎先生と豆腐」『栄養と料理』第 9 巻 12 号，栄養と料理社

岡田章雄　1979「註解『南蛮料理書』」『飲食史林』創刊号

沖縄タイムス社編　1979『おばあさんが伝える味』沖縄タイムス社

小畑弘己　2015『タネをまく縄文人』吉川弘文館

桂正子　1993「豆腐餻」『VESTA』14 号，味の素食の文化センター

参考文献

カバット，アダム　2006「豆腐小僧の紅葉豆腐」『ももんがあ対見越入道』講談社
カバット，アダム　2014「豆腐小僧盛衰記」『江戸の化物』岩波書店
川上行蔵　1978「大草家料理書」川上行蔵編著『料理文献解題』柴田書店
川上行蔵　2006「豆腐，練物類」小出昌洋編『完本　日本料理事物起源』岩波書店
川嶋将生　1976　日本文化の会編『町衆のまち　京』柳原書店
菊池勇夫　2000『飢饉』集英社新書
喜多義勇監修　1970『山形県方言辞典』山形県方言辞典刊行会
杏仁美友　2016『五性・五味・帰経がひと目でわかる食品成分表』池田書店
久司道夫　2004『久司道夫のマクロビオティック[入門編]』東洋経済新報社
工藤重光・打田悌治・大久保一良　1992「大豆不快味成分と発酵食品」『日本醸造協会誌』第87巻1号
桑原伸介　1977「榊原芳野のこと」『図書館と出版文化』弥吉光長先生喜寿記念会
熊倉功夫　2002「中世荘園の生活」『日本料理文化史』人文書院
熊倉功夫　2004「日本料理屋史序説」高田公理編『料理屋のコスモロジー』食の文化フォーラム22，ドメス出版
熊坂金司　1950「栄養価の高い 健民豆腐の作り方」『富民 農業の技術と経営』第22巻10号，富民社
雲田康夫　2006『豆腐バカ 世界に挑む』光文社ペーパーバックス
古波蔵保好　1990「寒夜のるくじゅう」『料理沖縄物語』朝日文庫(初出1983)
小林研三他編　1987『聞き書 熊本の食事』農山漁村文化協会
近藤日出男　1981「高知県安芸市におけるカシ豆腐について」『農耕の技術』第4巻

斎藤一夫　1955「消費地市場における豆類の需給と流通」細野重雄編著『豆類の生産と商品化：北海道における』農林協会
桜井武雄他編　1985『聞き書 茨城の食事』農山漁村文化協会
佐原昊　1999「会津の郷土料理つと豆腐について」芳賀登・石川寛子監修『全集 日本の食文化 第12巻 郷土と行事の食』雄山閣出版，再録(初出1985)
澤千恵　2011『〈脱〉安売り競争 食品企業の戦略転換』JA総研研究叢書，農山漁村文化協会
篠田統　1968「豆腐考」『風俗』第8巻1号　※とくに中国の豆腐に関する記述については，本論考によるところが大きい
篠田統・秋山十三子　1976『豆腐の話』駸々堂ユニコンカラー双書
渋沢敬三編　1969『塩俗問答集』常民文化叢書3，慶友社
週刊朝日編　1987『値段の明治・大正・昭和風俗史 上』朝日文庫
尚順　1938「豆腐の礼讃」『松山御殿物語』刊行会編『松山御殿物語』尚弘子，2002刊
尚弘子他編　1988『聞き書 沖縄の食事』農山漁村文化協会
新食品成分表編集委員会編　2023『新食品成分表 FOODS 2023』とうほう
新間進一校注　1964「消息文抄」『親鸞集 日蓮集』日本古典文学大系82，岩波書店
杉浦達郎　2023「おから→プラ原料 廃棄ゼロへ 豆腐業者が開発」朝日新聞6月24日東京本社夕刊
杉山信太郎　1992「大豆の起源について」『日本醸造協会誌』第87巻12号
鈴木牧之記念館編　2008『江戸のユートピア 秋山記行』南魚沼市文化スポーツ振興公社
全国豆腐連合会　2014『豆腐読本』豆腐検定検討委員会監修，全国豆腐連合会　※豆腐一般に関しては，本書に拠るところが大きい
全国豆腐連合会　2019『全国豆腐連合会 創立80周年記念誌』全

国豆腐連合会
全国豆腐連合会編　1977『創立 35 周年全豆連のあゆみ』全国豆腐油揚商工組合連合会・全国豆腐油揚協同組合連合会・財団法人豆腐会館編
高井源雄　1983『現代豆腐考』私家版
高橋勝美　2000「ベトナムの豆腐作り」秋野晃司他編著『アジアの食文化』建帛社
竹井恵美子　1998「南西諸島の豆腐をめぐって」農耕文化研究振興会編『琉球弧の農耕文化』大明堂
竹内若　1943「毛吹草の刊年及び諸本考略」『毛吹草』解説，岩波文庫
田村慶子　2022「米国で大人気の豆腐 需要支える日本メーカーの技術力」産経新聞 1 月 14 日 THE SANKEI NEWS: HP(sankei.com)
田村正紀　1995「凍豆腐」『日本調理学会誌』第 28 巻 2 号
中央食糧協力会編　1944『本邦郷土食の研究』東洋書館
陳文華　1991「豆腐起源於何時」農業考古編輯部『農業考古』(季刊)1991 年第 1 期，江西省社会科学院歴史研究所江西省中国農業考古研究中心
月川雅夫他編　1985『聞き書 長崎の食事』農山漁村文化協会
筒江薫　2011「豆腐」野本寛一編『食の民俗事典』柊風舎
渡名喜明　1978「紅型の型紙と型彫り」『沖縄県立博物館紀要』第 4 巻，沖縄県立博物館
中野玲子　1991「椎葉村の藤の花豆腐」田中熊雄他編『聞き書 宮崎の食事』農山漁村文化協会
中山清次他編　1989『聞き書 山口の食事』農山漁村文化協会
中山誠二　2015「縄文時代のダイズの栽培化と種子の形態分化」『植生史研究』第 23 巻 2 号
波平エリ子　2012「「繁多川見聞録」に始まった社会教育活動」『繁多川 100 周年記念誌 繁多川』繁多川自治会

西村清子編　1979『因幡の料理歳時記』新日本海新聞社
日本豆類基金協会編　1982『東北地方における豆類，雑穀類の郷土食慣行調査報告』日本豆類基金協会
野口武彦　2019「徂徠豆腐考」『元禄五芒星』講談社
野村傳四　1942「ことばの奈良」仲川明・森川辰蔵編『奈良叢記』駸々堂
原田信男　1980「天明期料理文化の性格――料理本「豆腐百珍」の成立」『藝能史研究』70号，藝能史研究會
原田信男　1990「衣・食・住」日本村落史講座編集委員会編『生活 II 近世』日本村落史講座 7，雄山閣出版
原田信男　1999『中世村落の景観と生活』思文閣史学叢書，思文閣
原田信男　2000「日蓮遺文食物語彙一覧」『飲食史林』8号
原田信男　2005『和食と日本文化』小学館
原田信男　2006「近世における粉食」木村茂光編『雑穀 II』「もの」から見る日本史，青木書店
原田信男　2013「ブドウとブドウ酒の登場」『日本の食はどう変わってきたか』角川選書
原田信男　2017『義経伝説と為朝伝説』岩波新書
原田信男　2020『「共食」の社会史』藤原書店
原田信男　2021「文人社会と料理文化」『食の歴史学』青土社(初出 2006)
林真司　2007「東南アジアからみる沖縄のシマ豆腐」『龍谷大学経済学論集(民際学特集)』第46巻5号
比嘉清編著　2019『うちなあぐち大字引』南謡出版
東恩納寛惇　1957「豆腐乳の話」琉球新報社編『東恩納寛惇全集』第8巻所収，第一書房，1980刊
藤田覚　1982・83「寛永飢饉と幕政 1・2」『歴史』59・60号
外間守善　2022「るくじゅう(焼き豆腐)」『沖縄の食文化』ちくま学芸文庫(初出 2010)
前本勝利監修　2015『粉豆腐で健康長寿レシピ』河出書房新社

松山利夫　1985「東アジアのムック系食品」石毛直道編『論集 東アジアの食文化』平凡社
水田紀久　1966「高芙蓉とその一派」中田勇次郎編『日本の篆刻』二玄社
水田紀久　1981「『豆腐百珍』の著者曽谷学川」『飲食史林』3号
源武雄　1965「琉球料理の話」『琉球歴史夜話』月刊沖縄社
宮下章　1962『凍豆腐の歴史』全国凍豆腐工業協同組合連合会
三輪茂雄　1978『臼』ものと人間の文化史25，法政大学出版局
三輪茂雄　1987『粉の文化史』新潮選書
森恵見・谷洋子　2017「福井県の油揚げに関する調査」『仁愛女子短期大学研究紀要』49号
森銑三　1971「典籍作者便覧」『森銑三著作集第10巻』，中央公論社（初出1934）
安冨歩　2015『満洲暴走　隠された構造』角川新書
柳田国男　2013『海南小記』新版，角川ソフィア文庫（初出1925）
山室恭子　2015「豆腐屋甚吉の町売り攻勢」『大江戸商い白書』講談社選書メチエ
吉田集而　1993「大豆発酵食品の起源」佐々木高明他編『日本文化の起源』講談社
吉田伸之　1992「表店と裏店」同編『日本の近世 第9巻 都市の時代』中央公論社
吉田よし子　2000『マメな豆の話』平凡社新書
若井琢水・高木真也　2021「代替食品肉だけじゃない 環境意識・加工技術の向上が後押し」朝日新聞9月8日東京本社夕刊
脇坂俊夫　1974『大屋博多と高野豆腐――八千代町産業発達史』八千代町
王仁湘　2001『中国飲食文化』鈴木博訳，青土社

典拠一覧

各典拠からの引用にあたっては，新字・旧仮名を用いて適宜片仮名を平仮名に直すとともに，漢文は読み下し文としたほか，和文についても読みやすいように改めた部分もある．また，書名の角書については，本文・一覧とも〈　〉で示したが，五十音順配列に際してはこれを省いた．なお web サイト掲載の資料は，2023 年 6 月段階でのアクセスである．

『秋山記行』，宮栄二校注『秋山記行・夜職草』，平凡社東洋文庫，1971 年

『東路のつと』，伊藤敬校注『中世日記紀行集』新編日本古典文学全集 48，小学館，1994 年

「阿蘇ペディア　すぼ豆腐」Aso Pedia HP

「穴どろ」江国滋他編『古典落語大系』第 2 巻，三一書房，1973 年

『海人藻芥』，『群書類従』第 28 輯，続群書類従完成会，1986 年

『伊豆国産物帳』，国会図書館デジタル

『異制庭訓往来』，『群書類従』第 9 輯，続群書類従完成会，1960 年

『一本堂薬選』，大塚敬節他編『近世漢方医学書集成　69』「香川修庵(五)」，名著出版，1982 年

『今堀日吉神社文書』，仲村研編『今堀日吉神社文書集成』，雄山閣出版，1981 年

『岩出山町史 民俗生活編』，岩出山町史編纂委員会編，岩出山町，2000 年

『印籍考』，西川寧編『日本書論集成』第 8 巻，汲古書院，1978 年

『蔭涼軒日録　四』，竹内理三編，増補続史料大成 24 巻，臨川書店，1978 年

『鶉衣』上，堀切実校注，岩波文庫，2011 年

『虚南留別志』，味の素食の文化センターデジタル

『うたたね』，連歌俳諧書集成(洒竹文庫)：東京大学総合図書館デジタル
『雲錦随筆』，日本随筆大成編輯部編，日本随筆大成第1期第3巻，吉川弘文館，1975年
『英国公使夫人の見た明治日本』，横山俊夫訳，淡交社，1988年
『江戸買物独案内』，花咲一男編，渡辺書店，1972年
『江戸鹿子』，朝倉治彦監修，古板地誌叢書8，すみや書房，1970年
『江戸参府紀行』，斎藤信訳，平凡社東洋文庫，1967年
『〈享保以後〉江戸出版書目』，樋口秀雄他校訂，未刊国文資料刊行会，1962年
『江戸町触集成』，近世史料研究会編，第9巻・第11巻・第14巻，塙書房，1998・99・2000年
『淮南子』上・中・下，楠山春樹訳注，新釈漢文大系，明治書院，1979・82・88年
『延喜式』中篇，黒板勝美編，国史大系，吉川弘文館，1981年
『老の長咄』，岸上操編『〈近古文芸〉温知叢書』第12編，博文館，1891年
「王子神社文書」，粉河町史編さん委員会編『粉河町史』第2巻，粉河町，1986年
「大音文書」，牧野信之助編『越前若狭古文書選』，三秀舎，1933年
『大草家料理書』，『群書類従』第19輯，続群書類従完成会，1932年
『〈享保以後〉大阪出版書籍目録』，大阪図書出版業組合編，大阪図書出版業組合，1936年
『〈稿本〉大阪訪碑録』，船越政一郎編『浪速叢書』第10巻，名著出版，1978年
『大坂本屋仲間記録 出勤帳』第1巻，大阪府立中之島図書館編，大阪府立中之島図書館，1975年
「大嶋神社・奥津嶋神社文書」，『研究紀要』2号，滋賀大学経済学部附属史料館，1969年
「沖縄の伝統的な食文化：ルクジュー」，沖縄の伝統的な食文化デ

ータベース HP
『御触書寛保集成』，高柳真三他編，岩波書店，1934 年
『親子草』，森銑三他監修，『新燕石十種』第 1 巻，中央公論社，1980 年
『晦庵先生朱文公文集』，劉永翔他校点『朱子全書 修訂本』第 20 冊，上海古籍出版社・安徽教育出版社，2010 年
『改元紀行』，浜田義一郎他編『大田南畝全集』第 8 巻，岩波書店，1986 年
『皆山集』第 9 巻，平尾道雄他編『土佐之国史料類纂』，高知県立図書館，1975 年
『花史左編』，国会図書館次世代デジタルライブラリー
『春日若宮拝殿方諸日記』，藝能史研究会編『日本庶民文化史料集成』第 2 巻「田楽・猿楽」，三一書房，1974 年
『〈料理〉歌仙の組糸』，吉井始子編『〈翻刻〉江戸時代料理本集成』第 3 巻，臨川書店，1979 年
『甲子夜話 3』，中村幸彦他校訂，平凡社東洋文庫，1977 年
『金沢文庫古文書』第 7 輯・第 9 輯，関靖編，金沢文庫，1955・56 年
「金沢文書」須賀川市，福島県編『福島県史』第 9 巻近世史料 2，1965 年
『蒲刈志』蘭嶋道人平煥自筆稿本，柿崎博孝編，下蒲刈町，1998 年，広島県立図書館蔵
『甘藷百珍』，吉井始子編『〈翻刻〉江戸時代料理本集成』第 5 巻，臨川書店，1980 年
『紀伊続風土記』第 5 輯，巌南堂書店，1975 年，復刻版
『紀伊国名所図会』第 3 編，国会図書館デジタル：版本地誌大系 9，臨川書店，1996 年
『北野天神縁起』，小松茂美編『続日本の絵巻 15』，中央公論社，1991 年
「岐阜県「味付き「こも豆腐」」，JA ひだ女性連絡協議会，JAHP

『近世農政史料集　1・2』，児玉幸多他編，吉川弘文館，1966・68年
『〈江戸町中〉喰物重宝記』，長友千代治編『重宝記資料集成』第33巻，臨川書店，2005年
「教王護国寺文書　3・4」，赤松俊秀編『教王護国寺文書』巻3・4，平楽寺書店，1962・63年
『〈大蔵虎明本〉狂言集の研究 本文篇下』，池田広司他編，表現社，1983年
「享和句帖」，宮脇昌三他校注『一茶全集』第2巻，信濃毎日新聞社，1977年
『毛吹草』，新村出校閲・竹内若校訂，岩波文庫，1943年
「健康づくりのための食生活指針」，厚生労働省HP
『広益国産考』，土屋喬雄校訂，岩波文庫，1977年
『皇都午睡』，国書刊行会編『新群書類従』第一演劇，第一書房，1976年
「甲府い」江国滋他編『古典落語大系』第6巻，三一書房，1974年
『紅毛雑話』，杉本つとむ解説・校注，生活の古典双書6，八坂書房，1972年
『合類日用料理抄』，吉井始子編『〈翻刻〉江戸時代料理本集成』第1巻，臨川書店，1978年
「国産大豆の需要をめぐる動向」令和4年度版，農林水産省農産局穀物課HP「大豆のホームページ」，2023年　※このデータは更新されたばかりなので，アクセスは2023年11月
『黒白精味集』，松下幸子他校注「古典料理の研究(十四)」『千葉大学教育学部研究紀要』第37巻(第2部)，1989年
『古事談』上，小林保治校注，現代思潮社，1981年
『国花万葉記』全4冊，朝倉治彦監修，古板地誌叢書，すみや書房，1969〜71年
『御膳本草』宝玲文庫本，横山学解説，『生活文化研究所年報』第1輯，ノートルダム清心女子大学，1987年
『〈家庭医書〉御膳本草綱要』，當間清弘編・発行，1964年

『骨董集』，日本随筆大成編輯部編『日本随筆大成』第 1 期第 15 巻，吉川弘文館，1976 年
『小林一茶集』，伊藤正雄校注，朝日新聞社，1953 年
『後法興院記　一』，竹内理三編『続史料大成　5』，臨川書店，1967 年
「後水尾天皇二条城行幸式御献立次第」，宮内庁書陵部デジタル
『後水尾院(当時)年中行事』，近藤瓶城編『〈改定〉史籍集覧』第 27 冊，近藤活版所，1902 年
『蒟蒻百珍』，吉井始子編『〈翻刻〉江戸時代料理本集成』第 5 巻，臨川書店，1980 年
『堺鑑』，古板地誌研究会編，藝林舎，1971 年
「作物統計調査：大豆」，政府 HP: e-Stat ／作物統計調査／作況調査(水陸稲，麦類，豆類，かんしょ，飼育作物，工芸農作物)長期累年／表番号 8：収穫量累年統計／大豆／全国(明治 11 年～令和 2 年)
「昨今の貧民窟――芝新網町の探査」，中川清編『明治東京下層生活誌』，岩波文庫，1994 年
『山家清供』，中村喬編訳『中国の食譜』平凡社東洋文庫，1995 年
「鹿政談」飯島友治編『古典落語』第 2 期第 4 巻，筑摩書房，1973 年
『四時纂要』，歳時習俗資料彙編『歳華紀麗；四時纂要』，台北：藝文印書館，1970 年
『四条流庖丁書』，『群書類従』第 19 輯，続群書類従完成会，1932 年
『七十一番職人歌合』，岩崎佳枝他校注，新日本古典文学大系 61，岩波書店，1993 年
「七番日記」『〈一茶〉七番日記(下)』，丸山一彦校注，岩波文庫，2003 年
「知ってる？日本の食料事情」，農林水産省 HP
『卓子料理仕様』，長谷川鋳太郎編『料理大鑑　4』，料理珍書刊行会，1915 年

『社家記録　二』，竹内理三編『八坂神社記録 一』増補続史料大成 43 巻，臨川書店，1978 年
『蔗軒日録』，東京大学史料編纂所編『大日本古記録』，岩波書店，1953 年
『十輪院内府記』，奥野高広他校訂『史料纂集』，続群書類従完成会，1972 年
『精進魚類物語』，石井研堂校訂『〈校訂〉万物滑稽合戦記 全』，博文館，1901 年
『精進献立集』『精進献立集 二編』，吉井始子編『〈翻刻〉江戸時代料理本集成』第 9 巻，臨川書店，1980 年
『昭和 6 年日本貿易年表上編』，大蔵省，財務省貿易統計閲覧室蔵
『昭和 7 年日本貿易年表上編』，大蔵省，財務省貿易統計閲覧室蔵
『昭和 14 年日本貿易月表』，大蔵省，財務省貿易統計閲覧室蔵
『自昭和 19 年至昭和 23 年日本貿易年表上編』，大蔵省，財務省貿易統計閲覧室蔵
「食生活指針」，厚生労働省 HP
『食品衛生小六法　I・II』令和 5 年版，食品衛生研究会編，新日本法規，2022 年
『食物本草』(和刻版)，吉井始子編『食物本草大成』第 4 巻，臨川書店，1980 年
『食用簡便』，吉井始子編『食物本草大成』第 6 巻，臨川書店，1980 年
『書言字考節用集』，中田祝夫他著『書言字考節用集 研究並びに索引』影印篇，風間書房，1973 年
『女工哀史』，岩波文庫(改版)，1980 年
『初代川柳選句集』上，千葉治校訂，岩波文庫，1995 年
『諸問屋再興調』第 2 巻・第 11 巻，東京大学史料編纂所編『大日本近世史料』，東京大学出版会，1959・71 年
『志蘿井出乃阿由美(白井出の阿由美)』，堀内清七・竹内正人・竹内克美編，私家版，2012 年

『使琉球雑録』，島尻勝太郎校注『日本庶民生活史料集成』第 27 巻，三一書房，1981 年
「真珠庵文書一・八」，『大徳寺文書別集 真珠庵文書之一・八』大日本古文書家わけ第 17，東京大学史料編纂所，1989・2013 年
『新食品成分表 FOODS 2021』8 訂準拠，とうほう，2021
『新撰狂歌集』，高橋喜一校注，新日本古典文学大系 61，岩波書店，1993 年
『新撰類聚往来』，『続群書類従』第 13 輯下，続群書類従完成会，1959 年
『神道集』，貴志正造訳，平凡社東洋文庫，1967 年
『神農本草経』，国会図書館デジタル
『人倫訓蒙図彙』，朝倉治彦校注，平凡社東洋文庫，1990 年
『図経本草』，胡乃長・王致譜輯注（簡体字表記），福建科学技術出版社，1988 年
「酢豆腐」飯島友治編『古典落語』第 4 巻，筑摩書房，1968 年
「隅田川花御所染」，藤尾真一編『鶴屋南北全集』第 5 巻，三一書房，1971 年
『清異録』『分門古今類事 外八種』，四庫筆記小説叢書（欽定四庫全書子部），上海古籍出版社，1991 年
『精物楽府』，山岸徳平校注『五山文学集 江戸漢詩集』日本古典文学大系，岩波書店，1966 年
『斉民要術』，田中静一他編訳，雄山閣出版，1997 年
『世俗立要集』，『群書類従』第 19 輯，続群書類従完成会，1932 年
『世話尽』，大友信一他編『古辞書影印文献』第 6 輯，港の人，2001 年
『宗湛茶会献立日記』，山本寛校閲訂正，審美書院，1921 年：国会図書館デジタル
『創立一〇周年 記念誌』，沖縄県豆腐油揚商工組合，沖縄県豆腐商工組合，1988 年
『続江戸砂子』，小池章太郎編『江戸砂子』東京堂出版，1976 年

『楚堵賀浜風』，内田武志他編『菅江真澄全集』第1巻，未来社，1971年
「徂徠豆腐」，瀧口雅仁編『講談』知っておきたい日本の古典芸能，丸善出版，2019年
『大根一式料理秘密箱』，吉井始子編『〈翻刻〉江戸時代料理本集成』第5巻，臨川書店，1980年
『〈諸国名産〉大根料理秘伝抄』，吉井始子編『〈翻刻〉江戸時代料理本集成』第5巻，臨川書店，1980年
「大豆をめぐる事情」，農林水産省農産局穀物課HP「大豆のホームページ」，2023年　※このデータは更新されたばかりなので，アクセスは2023年11月
『鯛百珍料理秘密箱』，吉井始子編『〈翻刻〉江戸時代料理本集成』第5巻，臨川書店，1980年
『多識編』，中田祝夫他編『多識編自筆稿本刊本三種研究並びに総合索引』影印篇，古辞書大系，勉誠社，1977年
「千早振る」江国滋他編『古典落語大系』第1巻，三一書房，1969年
『茶湯献立指南』，吉井始子編『〈翻刻〉江戸時代料理本集成』第3巻，臨川書店，1979年
『中國豆腐』，林海音編，台北：純文学出版社，1971年
『厨事類記』，『群書類従』第19輯，続群書類従完成会，1932年
『朝鮮・琉球航海記』，春名徹訳，岩波文庫，1986年
『鳥府志』，『鳥取県史』第6巻，鳥取県，1974年
『塵塚談』，森銑三他監修『燕石十種』第1巻，中央公論社，1979年
『つりきつね』，池田廣司他編『〈大蔵虎明本〉狂言集の研究』本文篇下，表現社，1983年
『庭訓往来』，石川松太郎校注，平凡社東洋文庫，1973年
『貞徳文集』下，新村出監修『海表叢書』第4巻，成山堂書店，1985年，復刻版
「田楽喰い」桂米朝三世『米朝落語全集』第4巻，創元社，1981年

『典籍作者便覧』，森銑三他編『近世著述目録集成』，勉誠社，1978年
「天保制法下」，大蔵省編『日本財政経済史料 第7巻』経済之部四，財政経済学会，1923年
『天明救荒録』，谷川健一他編『日本庶民生活史料集成』第7巻，三一書房，1970年
『東京夢華録――宋代の都市と生活』，入矢義高他訳注，平凡社東洋文庫，1996年
「東寺百合文書 ク函」，瀬戸内海総合研究会編『備中国新見庄史料』，国書刊行会，1981年
「東寺百合文書 ハ函」，京都府立歴彩館デジタル
『道聴塗説』，国書刊行会編『鼠璞十種』第2，国書刊行会，1916年
『東坡集』，国立公文書館デジタル
「豆腐記」，『風俗画報』47号，東陽堂，1892年
「豆腐自画賛」，『〈没後200年〉大名茶人 松平不昧』三井記念美術館他編，NHKプロモーション，2018年
『豆腐集説』，大沼1980による
『豆腐製造業実態調査報告書』，農林省，1969，全国豆腐連合会蔵
『豆腐百珍』『豆腐百珍続編』『豆腐百珍余録(『豆華集』)』，原田信男校注『料理百珍集』生活の古典双書，八坂書房，1980年
「「豆腐」への支出額ランキングの概要」，食品データ館HP
『豆腐屋の四季』，講談社文芸文庫，2009年
『豆廬子柔伝』『豆腐百珍続編』，原田信男校注『料理百珍集』生活の古典双書，八坂書房，1980年
『言経卿記』第1巻，東京大学史料編纂所編，大日本古記録，岩波書店，1959年
『時慶記』第4巻，時慶記研究会校訂，本願寺出版社，2001年
『都鄙安逸伝』，吉井始子編『〈翻刻〉江戸時代料理本集成』第7巻，臨川書店，1980年
『屠龍工随筆』，森銑三他編『続日本随筆大成』第9巻，吉川弘文

館，1980 年
『中臣祐重記』，永島福太郎校訂『春日社記録　日記一』，増補続史料大成第 47 巻，臨川書店，1979 年
『中臣祐春記』，水谷川忠麿編『春日社記録　日記一』，増補続史料大成第 49 巻，臨川書店，1979 年
『浪華郷友録』，国文学研究資料館デジタル
『南蛮料理書』岡田章雄註解，『飲食史林』創刊号，1979 年
『〈改訂増補　昭和定本〉日蓮聖人遺文』，立正大学日蓮教学研究所編，総本山身延久遠寺，1988 年
『日葡辞書』邦訳，土井忠生他訳，岩波書店，1980 年
『日本』第 6 巻，加藤九祚他訳，雄松堂書店，1979 年
『日本紀行』，山田珠樹訳註『ツンベルグ日本紀行』，異国叢書，雄松堂書店，1966 年
「日本の食卓に欠かせない大豆の自給率はどのくらい？」，カネハツ HP
『夭怪着到牒』，国会図書館デジタル
『誹風　柳多留　1・2』，山澤英雄校訂，岩波文庫，1995 年
『誹風　柳多留拾遺』上，山澤英雄校訂，岩波文庫，1995 年
『芭蕉俳句集』，中村俊定校注，岩波文庫，1970 年
「畠方検地帳」，埼玉県加須市騎西正能家文書(地方文書)
『海鰻百珍』，吉井始子編『〈翻刻〉江戸時代料理本集成』第 5 巻，臨川書店，1980 年
『氾勝之書』，岡島秀夫他訳，農山漁村文化協会，1986 年
『半日閑話』，浜田義一郎他編『大田南畝全集』第 11 巻，岩波書店，1988 年
「1 人当たり県民所得」，都道府県データランキング HP
『百姓伝記』下，古島敏雄校注，岩波文庫，1977 年
『風俗文選』，伊藤松宇校訂，岩波文庫，1928 年
『文会雑記』，『日本随筆大成』第 1 期第 14 巻，吉川弘文館，1975 年
『ほまち畑』，信濃教育会編『一茶叢書』第 9 編下巻，古今書院，

1930年
『本草色葉抄』複製本，内閣文庫，1968年
『本草衍義』，国会図書館デジタル
『本草綱目』上・下二冊，1974年　初出：1930年　香港：商務印書館
『本草綱目啓蒙』，杉本つとむ編『本草綱目啓蒙――本文・研究・索引』，早稲田大学出版部，1974年
『本草綱目拾遺』，木村康一他校注『〈新註校定〉国訳本草綱目』第14冊，春陽堂，1977年
『本朝食鑑　1』，島田勇雄訳注，平凡社東洋文庫，1976年
『本福寺門徒記』，千葉乗隆編『本福寺旧記』同朋舎出版，1980年
『武家調味故実』，『群書類従』第19輯，続群書類従完成会，1932年
『蕪村全集』第3巻，尾形仂他校注，講談社，1992年
『武林旧事』，国立公文書館内閣文庫デジタル
『文明本 節用集』，中田祝夫編『文明本節用集研究並びに索引』影印篇，風間書房，1970年
『米国の食事目標』，食品産業センター訳，企画調査昭和54年度，食品産業センター，1980年
『真佐喜のかつら』，三田村鳶魚編『未刊随筆百種』第8巻，中央公論社，1977年
『万代狂歌集』上，粕谷宏紀校，古典文庫，1972年
『万宝料理献立集』，吉井始子編『〈翻刻〉江戸時代料理本集成』第5巻，臨川書店，1980年
『万宝料理秘密箱 前編』，吉井始子編『〈翻刻〉江戸時代料理本集成』第5巻，臨川書店，1980年
「味噌蔵」飯島友治編『古典落語』第2巻，筑摩書房，1968年
『密県打虎亭漢墓』，河南省文物研究所編，北京：文物出版社，1993年
『耳の趣味』，佐久良書房，1913年
『〈拾遺〉都名所図会』国際日本文化研究センターデジタル：野間

光辰他編『新修京都叢書』第7巻，臨川書店，1994年
『明治東京下層生活誌』，中川清編，岩波文庫，1994年
『名飯部類』，吉井始子編『〈翻刻〉江戸時代料理本集成』第7巻，臨川書店，1980年
『夢粱録 南宋臨安繁昌記 三』，梅原郁訳注，平凡社東洋文庫，2000年
『守貞謾稿』上・中・下，朝倉治彦編，著者稿本影印版，東京堂出版，1973・74年
『師郷記 一』紙背文書，藤井貞文他校訂，『史料纂集 70』，1985年
「柳多留三九」『誹風 柳多留全集 3』，岡田甫校訂，三省堂，1977年
「柳多留五〇」『誹風 柳多留全集 4』，岡田甫校訂，三省堂，1977年
「洛東芭蕉菴再興記」，暉峻康隆校注，『蕪村集 一茶集』日本古典文学大系，岩波書店，1959年
『琉歌大成』，本文校異編，清水彰編，沖縄タイムス社，1994年
『柳亭記』，『日本随筆大成』第1期第2巻，吉川弘文館，1975年
『料理簡便集』，吉井始子編『〈翻刻〉江戸時代料理本集成』第8巻，臨川書店，1980年
『料理集』，松下幸子他校注「古典料理の研究(7)」『千葉大学教育学部研究紀要』第30巻第2部，1981年
『〈江戸流行〉料理通』，吉井始子編『〈翻刻〉江戸時代料理本集成』第10巻，臨川書店，1981年
『料理秘伝記』一冊本，東北大学附属図書館狩野文庫デジタル
『料理網目調味抄』，吉井始子編『〈翻刻〉江戸時代料理本集成』第4巻，臨川書店，1987年
『料理物語』(寛永一三年写本)，松下幸子他「古典料理の研究(8)」『千葉大学教育学部研究紀要』第31巻第2部，1982年
『料理物語』(寛永二〇年版)，吉井始子編『〈翻刻〉江戸時代料理本集成』第1巻，臨川書店，1978年
『類聚名物考』，井上頼圀他校訂，歴史図書社，1974年
『鹿苑日録』第1巻・第2巻・第3巻，辻善之助編，続群書類従

完成会，1934・35年
『山科家礼記』第1巻・第2巻・第4巻，豊田武他校訂『史料纂集』，続群書類従完成会，1967・68・72年
『大和本草』全2冊，白井光太郎校註，有明書房，1975年
『遊学往来』，『続群書類従』第13輯下，続群書類従完成会，1959年
『〈新著料理〉柚珍秘密箱』，吉井始子編『〈翻刻〉江戸時代料理本集成』第5巻，臨川書店，1980年
『有徳院殿御実紀付録』，黒板勝美編『徳川実紀』第9篇，国史大系，吉川弘文館，1966年
『夢十夜』，『夢十夜 他二篇』，岩波文庫，1986年
『雍州府志』，新修京都叢書刊行会編『新修京都叢書』第3巻，光彩社，1968年
『淮南王万畢術』版本，漢學堂叢書第48冊(国会図書館蔵)
『和漢三才図会』上・下，東京美術，1970年
『和漢精進料理抄』，吉井始子編『〈翻刻〉江戸時代料理本集成』第2巻，臨川書店，1978年
『和爾雅』，益軒会編『益軒全集』巻之7，国書刊行会，1973年
『渡辺幸庵対話』，近藤瓶城編『〈改定〉史籍集覧』第16冊，臨川書店，1984年，復刻版
『倭名類聚抄』二〇巻本(元和三年古活字版)，中田祝夫編，勉誠社，1978年
「童の的」，鈴木勝忠編『江戸高点付句集』雑俳集成3期2，私家版，国文学研究資料館蔵，1995年

図版出典一覧

口絵　季節の花々を用いた「菜豆腐」，菜の花豆腐と藤の花豆腐（宮崎県東臼杵郡椎葉村の尾前豆腐店製造，著者撮影）

「豆腐田楽を作る美人」（歌川豊国画，享和頃〈1801–03〉，画像提供：味の素食の文化センター／DNP artcom）

ii 頁　「豆腐自画賛」（『〈没後 200 年〉大名茶人松平不昧』三井記念美術館他編，NHK プロモーション，2018 年）

1 頁　「地釜」（著者撮影）

27 頁　「豆腐作坊」（陳文華「豆腐起源於何時」『農業考古』江西省社会科学院歴史研究所江西省中国農業考古研究中心，季刊 1991 年第 1 期）

「豆腐作坊」（『密県打虎亭漢墓』河南省文物研究所編，文物出版社，1993 年）

29 頁　「豆腐発祥の地・淮南地方」（編集部にて作図）

51 頁　「豆腐売の図」（『七十一番職人歌合』東京国立博物館蔵，Image: TNM Image Archives）

69 頁　「磑」「磨」（『和漢三才図会』東京美術，1970 年）

73 頁　「祇園二軒茶屋」（『〈拾遺〉都名所図会』国際日本文化研究センターデジタル「平安京都名所図会データベース」）

78 頁　「豆腐師」「焼豆腐師」（『人倫訓蒙図彙』朝倉治彦校注，平凡社東洋文庫，1990 年）

89 頁　「豆腐小僧」（『夭怪着到牒』国立国会図書館デジタル）

103 頁　「高野山豆腐氷豆腐製造の図」（『紀伊国名所図会』版本地誌大系 9，臨川書店，1996 年）

125 頁　『豆腐百珍』表紙と本文（味の素食の文化センター所蔵，撮影：国文学研究資料館）

129 頁　「ふちや」（『豆腐百珍』『料理百珍集』原田信男校注，八

坂書房，1980年）

134頁　「新製豆腐縷切つき出し」（『豆腐百珍続編』『料理百珍集』原田信男校注，八坂書房，1980年）

149頁　「大正期に導入された動力式の石臼」（『豆腐読本』全国豆腐連合会，2014年）

152頁　「『豆腐集説』に見る旧来の豆腐製造道具」（大沼晴暉「豆腐集説改題補」『飲食史林』5号，1984年）

168頁　「袋豆腐」「充填豆腐」（『豆腐読本』全国豆腐連合会，2014年）

「スーパーの豆腐売り場」（編集部撮影）

173頁　「豆腐チクワ」（「鳥取県撮れたて写真館」© 鳥取県）

「イギス豆腐」（JAグループ　愛媛県「いぎす豆腐」JA越智今治女性部）

197頁　「豆腐の拝所」（著者撮影）

209頁　「沖縄豆腐納品時間表」「アチコーコ豆腐納品時間表」（著者撮影）

216頁　「ルクジュー」（紅型工房ひがしや　https://www.bingata-higashiya.com/about/）

原田信男

1949年栃木県宇都宮市生まれ．日本生活文化史専攻．札幌大学女子短期大学部専任講師を経て，国士舘大学教授．ウィーン大学客員教授，国際日本文化研究センター客員教授，放送大学客員教授を歴任．

現在—国士舘大学名誉教授，京都府立大学客員教授，和食文化学会会長．

著書—『江戸の料理史——料理本と料理文化』(中公新書，1989年，サントリー学芸賞受賞)，『歴史のなかの米と肉——食物と天皇・差別』(平凡社選書，1993年，小泉八雲賞受賞)，『江戸の食生活』(岩波書店，2003年，岩波現代文庫，2009年)，『和食と日本文化——日本料理の社会史』(小学館，2005年)，『食をうたう——詩歌にみる人生の味わい』(岩波書店，2008年)，『神と肉——日本の動物供犠』(平凡社新書，2014年)，『義経伝説と為朝伝説——日本史の北と南』(岩波新書，2017年)，『「共食」の社会史』(藤原書店，2020年)ほか多数．

豆腐の文化史　　岩波新書(新赤版)1999

2023年12月20日　第1刷発行

著　者　原田信男（はらだ のぶを）

発行者　坂本政謙

発行所　株式会社 岩波書店
〒101-8002 東京都千代田区一ツ橋 2-5-5
案内 03-5210-4000　営業部 03-5210-4111
https://www.iwanami.co.jp/

新書編集部 03-5210-4054
https://www.iwanami.co.jp/sin/

印刷・三陽社　カバー・半七印刷　製本・中永製本

ISBN 978-4-00-431999-3　　Printed in Japan

岩波新書新赤版一〇〇〇点に際して

ひとつの時代が終わったと言われて久しい。だが、その先にいかなる時代を展望するのか、私たちはその輪郭すら描きえていない。二〇世紀から持ち越した課題の多くは、未だ解決の緒を見つけることのできないままであり、二一世紀が新たに招きよせた問題も少なくない。グローバル資本主義の浸透、憎悪の連鎖、暴力の応酬——世界は混沌として深い不安の只中にある。

現代社会においては変化が常態となり、速さと新しさに絶対的な価値が与えられた。消費社会の深化と情報技術の革命は、種々の境界を無くし、人々の生活やコミュニケーションの様式を根底から変容させてきた。ライフスタイルは多様化し、一面では個人の生き方をそれぞれが選びとる時代が始まっている。同時に、新たな格差が生まれ、様々な次元での亀裂や分断が深まっている。社会や歴史に対する意識が揺らぎ、普遍的な理念に対する根本的な懐疑や、現実を変えることへの無力感がひそかに根を張りつつある。そして生きることに誰もが困難を覚える時代が到来している。

しかし、日常生活のそれぞれの場で、自由と民主主義を獲得し実践することを通じて、私たち自身がそうした閉塞を乗り超え、希望の時代の幕開けを告げてゆくことは不可能ではあるまい。そのために、いま求められていること——それは、個と個の間で開かれた対話を積み重ねながら、人間らしく生きることの条件について一人ひとりが粘り強く思考することではないか。その営みの糧となるものが、教養に外ならないと私たちは考える。歴史とは何か、よく生きるとはいかなることか、世界そして人間はどこへ向かうべきなのか——こうした根源的な問いとの格闘が、文化と知の厚みを作り出し、個人と社会を支える基盤としての教養となった。まさにそのような教養への道案内こそ、岩波新書が創刊以来、追求してきたことである。

岩波新書は、日中戦争下の一九三八年一一月に赤版として創刊された。創刊の辞は、道義の精神に則らない日本の行動を憂慮し、批判的精神と良心的行動の欠如を戒めつつ、現代人の現代的教養を刊行の目的とする、と謳っている。以後、青版、黄版、新赤版と装いを改めながら、合計二五〇〇点余りを世に問うてきた。そして、いままた新赤版が一〇〇〇点を迎えたのを機に、人間の理性と良心への信頼を再確認し、それに裏打ちされた文化を培っていく決意を込めて、新しい装丁のもとに再出発したいと思う。一冊一冊から吹き出す新風が一人でも多くの読者の許に届くこと、そして希望ある時代への想像力を豊かにかき立てることを切に願う。

（二〇〇六年四月）

岩波新書より

日本史

読み書きの日本史	八鍬友広
日本中世の民衆世界	三枝暁子
森と木と建築の日本史	海野聡
幕末社会	須田努
江戸の学びと思想家たち	辻本雅史
上杉鷹山 「富国安民」の政治	小関悠一郎
藤原定家『明月記』の世界	村井康彦
性からよむ江戸時代	沢山美果子
景観からよむ日本の歴史	金田章裕
律令国家と隋唐文明	大津透
伊勢神宮と斎宮	西宮秀紀
百姓一揆	若尾政希
給食の歴史	藤原辰史
大化改新を考える	吉村武彦
江戸東京の明治維新	横山百合子
戦国大名と分国法	清水克行
東大寺のなりたち	森本公誠
武士の日本史	髙橋昌明
五日市憲法	新井勝紘
後醍醐天皇	兵藤裕己
茶と琉球人	武井弘一
近代日本一五〇年	山本義隆
語る歴史、聞く歴史	大門正克
義経伝説と為朝伝説 日本史の北と南	原田信男
出羽三山 山岳信仰の歴史を歩く	岩鼻通明
日本の歴史を旅する	五味文彦
一茶の相続争い	高橋敏
鏡が語る古代史	岡村秀典
日本の近代とは何であったか	三谷太一郎
戦国と宗教	神田千里
古代出雲を歩く	平野芳英
自由民権運動 〈デモクラシー〉の夢と挫折	松沢裕作
風土記の世界	三浦佑之
京都の歴史を歩く	小林丈広・高木博志・三枝暁子
蘇我氏の古代	吉村武彦
昭和史のかたち◆	保阪正康
「昭和天皇実録」を読む	原武史
生きて帰ってきた男	小熊英二
遺骨 戦没者三一〇万人の戦後史	栗原俊雄
在日朝鮮人 歴史と現在	水野直樹・文京洙
京都〈千年の都〉の歴史	高橋昌明
唐物の文化史◆	河添房江
小林一茶 時代を詠んだ俳諧師	青木美智男
信長の城	千田嘉博
出雲と大和	村井康彦
女帝の古代日本◆	吉村武彦
コロニアリズムと文化財	荒井信一
特高警察	荻野富士夫
古代国家はいつ成立したか	都出比呂志
渋沢栄一 社会企業家の先駆者	島田昌和